跟|曹|雪|芹|学

园林建筑

唐安意　编著

江苏凤凰科学技术出版社

《 天上人间诸景备——营造录 》

文字是文化的基础，也是艺术的根基。建筑是文化的载体，也是艺术的体现。

研究《红楼梦》中的园林和建筑，必须了解中国古典园林和建筑，也必须了解中国文字和中国文化。因为中国的文字起源于甲骨文，为象形文字，属于"表意"文字系统，故而保存着建筑最原始的功能及形态，是最直接、最真实、最客观的描绘。

"建筑"一词，源于英文"Architecture"，经由日本翻译而来，是建筑物和构筑物的统称，主要包含建筑技术和建筑艺术两部分。而在中国古代，称之为"营造"。相应的，现代的"建筑师"，在古时称为"匠人"。

营造，即"经营、建造"，通常包括前期的构思、规划和后期的营建、施工两部分，是技术与艺术的融合，也是传统文化思想、哲学理念的再现。北宋徽宗崇宁二年（1103年）由官方颁布的建筑设计、施工的规范书籍即以"营造"为名，称《营造法式》。20世纪30年代成立的，我国第一个传统建筑学术研究团体亦以"营造"为名，称"中国营造学社"。

关于"匠人"，最经典的论述出自《周礼·考工记》，其文曰："匠人营国，方九里，旁三门。国中九经九纬，经

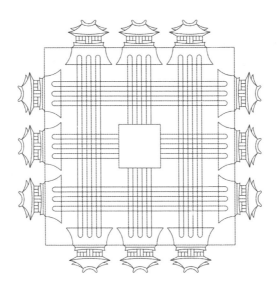

王城图，摹自宋代聂崇义绘《考工记》王城图

涂九轨。左祖右社，前朝后市。市朝一夫。"意思是：王城每面边长九里，有三个城门。城内纵横各有九条道路，每条道路可容九辆马车并行。王宫居中，左侧是宗庙，右侧是社稷坛，前面是朝堂，后面是市场。朝堂和市场的面积各为一夫（约100步×100步）。

《红楼梦》成书于18世纪中叶，处于清王朝的统治时期，封建社会的发展再一次达到巅峰。从历史来看，封建社会位于盛极而衰的转折点，笼罩在"康乾盛世"的光环之下，却实行"闭关锁国"的政策。当时的社会面子上风平浪静、盛世太平，底子里却波涛汹涌、暗流丛生。故而，曹公雪芹"具菩萨之心，秉刀斧之笔"含泪撰成此书。正如鲁迅先生评价贾宝玉那样："悲凉之雾，遍被华林，然呼吸而领会之者，独宝玉而已。"[1]曹雪芹正是茫茫浊世中的"呼吸、领会"者，如"举世皆浊我独清，众人皆醉我独醒"的屈子一般，虽非孑然一身，却也曲高和寡，颇有高处不胜寒之感。

鉴于任何作品都不可能脱离时代而独立存在，任何时代的作品也不免会带上时代印记。《红楼梦》中的建筑，自然也不会脱离《红楼梦》作者所处的时代，以及中国古典建筑

[1] 鲁迅《中国小说史略》，译林出版社，2014年。

的文化体系。然而，伟大的作品虽然不能脱离时代的印记，却可以超越时代的局限，从而得到普世价值的认同，此所谓"经典"也。

古人云："看西厢流泪，替古人担忧"，虽是调侃，却也颇得情理。书读到深处，自然要"入乎其内"，如此方可与古同行；也需要"出乎其外"，如此方可以古为鉴。王国维说："诗人对宇宙人生，须入乎其内，又须出乎其外。入乎其内，故能写之；出乎其外，故能观之。入乎其内，故有生气；出乎其外，故有高致。"[1]的确，唯有如此，才能"自成高格，自有名句。"《红楼梦》即是如此——融入时代又超越时代。

作为中国古典小说不可逾越的高峰，《红楼梦》的伟大，既在于它的博采众长，无所不包；也在于它的精巧细致，无所不至。往小了说，是小院子里的儿女情长；往大了讲，是大家族内的盛衰兴亡。仅就《红楼梦》中的建筑而言，从大的方面就可分为两部分：宁荣府和大观园，且分别属于"宅"和"园"两大系统，前者是住宅建筑，后者是园林建筑。住宅建筑是相对人工的，注重制度和礼制；园林建筑则是相对

---

[1] 王国维《人间词话（插图本）》，万卷出版公司，2009年。

自然的，注重性情与艺术，两者既互相区别又相互补充，共同构成和谐统一的居住环境。因此，在论述中宁荣府部分更突出"形制"，而大观园部分更强调"意境"。

从建筑的起源来看，中国文明的发源地有两个——北方的黄河流域和南方的长江流域。而"土"和"木"就正是这两种文明在住宅建筑上的表现。[1] 因此，在传统语境中多以"土木"指代建筑。而起源于北方的"穴居"和起源于南方的"巢居"，经过演变逐渐趋同，最终形成以木结构为主，土、竹、砖、石等材料为辅的古典建筑体系。同时，因其以柱承重，以墙围合，故有"墙倒屋不塌"的美誉。

住宅建筑，是供居住使用的建筑。《黄帝宅经》载："夫宅者，乃是阴阳之枢纽，人伦之轨模。非夫博物明贤，未能悟斯道也。凡人所居，无不在宅。故宅者，人之本。"可见，"宅"与"人"密切相关。又云："人以宅为家，居若安，即家代昌吉。若不安，即门族衰微。"所以，历来人们对住宅的营造都颇为重视，也因此形成了不同的风格体系和等级制度。

园林建筑，则是供游憩、观赏用的建筑。虽然可以满足居住的需求，却只是暂时性、短暂性的居所，因此称作"别

---

[1] 柳肃《营建的文明——中国传统文化与传统建筑》，清华大学出版社，2014年。

业",有别于"旧业"或"宅第",是第二套住宅。典型的如王维在辋川山谷（今陕西省蓝田县西南 10 余公里处）营建的"辋川别业",其自然之趣、林泉之胜、人文之美对后世的园林营造有着深远影响。

中国古典园林,起源于秦汉时期的"囿""苑",狩猎和通神是其最早的两种功能。[1]魏晋南北朝时期,产生了以山水、植物等自然形态为主体的园林体系。唐宋时期,古典园林中的山水景观与文学、书法、绘画等进一步交融,互相影响形成"文人园林"并取得快速发展,奠定了后世"文人造园"的基础。到明清时期,古典园林的发展进一步完善,达到成熟阶段,形成了以"北方皇家园林"和"南方私家园林"为典型代表的两大园林体系,前者以雄奇见长,恢宏大气,后者以秀美著称,精致小巧。

因为古典园林熔文化、艺术于一炉,注重对意境的营造,于城市中再造山林,形成"不出城郭而有山林之趣"的审美境界。所以,古典园林是自然与人工的完美结合,既是对自然的模拟,也是对自然的加工,称得上是"艺术的生活,生活的艺术。"

---

[1] 楼庆西《中国园林》,五洲传播出版社,2003 年。

苏州艺圃水景

　　流传至今的江南私家园林，大多是宅园——依附于居住建筑而在其内院或外围兴建的园林。比如扬州个园是"前宅后园"，住宅在南而园林在北；苏州艺圃也是"前宅后园"，住宅在北而园林在南；苏州狮子林则是"左园右宅"，住宅在东而园林在西。苏州的耦园较为独特，住宅在中间而园林在东西两侧，形成"一宅两园"的结构。一般而言，园林建筑大多是供园主游憩、观赏之用，并不适宜长期居住。

　　然而，大观园中的园林建筑则不然，它在营造之初就考虑了建成之后的日常起居之用，或者说为日常生活起居留有足够余地。大观园的建筑在满足传统园林游憩、观赏、读书、

会客的基础之上，突出了其居住功能。因此，大观园的建筑虽然是园林建筑，却又不完全是传统意义上的园林建筑。

大观园是独特的，它是在宁国府后花园的基础之上修建的，显然属于宅园的性质，也属于私家园林的范畴。然而，它又是为了迎接元妃省亲而建，自然带有皇家的风范，也兼具皇家园林的风格。所以，大观园是皇家园林和私家园林的结合体，既有皇家园林的宏大气度，又有私家园林的精致风情，兼具北方园林的雄浑和南方园林的秀美。最明显的体现就是，大观园既有中轴对称的园林景观，又有因地制宜的园林风致，前者以园之中心的牌坊、主楼为代表，后者以园之四周的亭台楼阁为体现。

大观园自然是有本可依，却也是无处可查。《园冶》云："构园有法，法无定式。因时利导，兆于变化。"园林营造，是源于自然，又高于自然；源于生活，又高于生活的。《红楼梦》是小说，而虚构是小说的核心要素之一。既然是虚构，大观园就不可能真的存在，就不可能存在原型。《红楼梦》有云："假作真时真亦假，无为有处有还无。"书中处处流露出真假、有无、虚实的辩证思想，陈从周先生说："假假真真，真真假假。《红楼梦》大观园假中有真，真中有假。是虚构，亦有作者曾见之实物。是实物，又有参予作者之虚构。其所以迷惑读者正在此。"[1] 可谓一语中的，直指心源。

大观园理应是根植于中国古典园林的大群体，而不是以一两个园林为代表。正如俞平伯先生所说："（关于大观园的构思）这里有三种因素，（一）回忆，（二）理想，（三）现实……以回忆论，可以在北京，亦可以在南京……以理想而论，空中楼阁，亦即无所谓南北……以现实而论，曹家回京以后，还过了一段相当繁荣的时期，则他们的住宅有小小的庭园自属可能……这就是真的大观园，再说明白些，即大观园的模型。"[2] 因此，大观园是虚拟园林的集大成者，是

---

[1] 陈从周《说园》，同济大学出版社，2007年。
[2] 俞平伯《红楼心解：读〈红楼梦〉随笔》，陕西师范大学出版社，2005年。

清代孙温绘大观园图

"小型苑囿、大型宅园"。正因为"天上人间诸景备",所以才"芳园应锡大观名"。

因此,研究《红楼梦》中的园林和建筑,要以书中描述的园林和建筑为主,以现实存在的园林和建筑为辅。师古而不拘古,结合虚拟与现实,互相参照、互相映衬,才能拨云见日,从而客观、清晰的反映《红楼梦》的营造哲学。

至于园林建筑的形态、格局、组合及其中的匾额、楹联、装饰、陈设,无一不是古代生活的体现。所谓"触景生情,睹物思人",只有了解其中的"景"与"物",才能体会其中的"人"与"情"。那么跟曹雪芹学园林建筑,学的是什么?——是园林建筑背后折射出的营造技艺、文化思想和哲学理念。

庸安意

序号	简称	题名	版本情况	收藏地	抄录时间
1	甲戌本	脂砚斋重评石头记	现存 16 回，包括 1~8、13~16、25~28 回	上海博物馆	乾隆十九年（1754 年）
2	乙卯本	脂砚斋重评石头记	现存 41 回及 2 个半回，包括 1~20、31~40、55 回下、56~58、59 回上、61~70 回（原缺 64、67 回，由原收藏者武裕庵据乾隆抄本补抄）	国家图书馆	乾隆二十四年（1759 年）
3	庚辰本	脂砚斋重评石头记	现存 78 回，缺 64、67 回	北京大学图书馆	乾隆二十五年（1760 年）
4	蒙府本	石头记	现存 73 回，缺 57~62 回、67 回	国家图书馆	—
5	戚序本	石头记	现存 80 回	戚沪本，前 40 回，存上海图书馆；戚宁本，80 回全，存南京图书馆	—
6	列藏本	石头记	现存 78 回，缺 5、6 回	俄罗斯科学院东方学研究所圣彼得堡分所	—

跟曹雪芹学园林建筑

序号	简称	题名	版本情况	收藏地	抄录时间
7	舒序本	红楼梦	现存 40 回，包括 1~40 回	首都图书馆	乾隆五十四年（1789 年）
8	郑藏本	红楼梦	现存 2 回，包括 23、24 回	国家图书馆	—
9	甲辰本	红楼梦	现存 80 回	国家图书馆	乾隆四十九年（1784 年）
10	梦稿本	乾隆抄本百廿十回红楼梦稿	现存 120 回	中国国家博物馆	—
11	卜藏本	红楼梦	现存 10 回，包括 1~10 回（另存有 1~80 回的回目）	—	—
12	程甲本	新镌全部绣像红楼梦	现存 120 回	—	乾隆五十六年（1791 年）
13	程乙本	新镌全部绣像红楼梦	现存 120 回	—	乾隆五十七年（1792 年）

目录

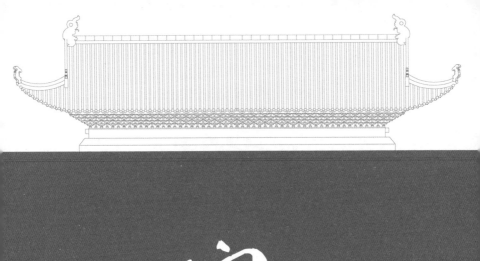

宁荣府

第一章

诗礼簪缨气峥嵘——

《红楼梦》中的建筑以宁荣府和大观园为核心，最早出现于贾雨村口中：

去岁我到金陵地界，因欲游览六朝遗迹，那日进了石头城，从他老宅门前经过。街东是宁国府，街西是荣国府，二宅相连，竟将大半条街占了。大门前虽冷落无人，隔着围墙一望，里面厅殿楼阁，也还都峥嵘轩峻；就是后一带花园子里面树木山石，也还都有蓊蔚洇润之气……（第二回）

短短数句，既精致的勾勒出宁、荣二府"峥嵘轩峻"的建筑格调和"诗礼簪缨"的富贵气象，也巧妙地描绘出宁、荣二府"前庭后院"的总体布局和"院落组合"的群体结构。同时，还蕴含着四合院的典型格局，体现着传统文化的尊卑思想。

需要特别说明的是，此段文字准确而言描写的是贾家在金陵的"老宅"，而非黛玉进京都的"新府"。据护官符上抄云："贾不假，白玉为堂金作马。"（第四回）甲戌本有脂批注云："宁国、荣国二公之后，共二十房分，除宁、荣亲派八房在都外，现原籍住者十二房。"可知，金陵老宅中尚有十二房贾氏族人居住，其根基仍在且并未萧条。然而，正如曹公所言"假作真时真亦假，无为有处有还无"（第五回），其真假、有无、虚实殊难分辨。故而，同样是宁荣府第，此段关于金陵贾府的描述，用于都中的贾府同样合适。

一般而言，正规的四合院建筑是依东西向的街道而坐北朝南建造，中轴对称而左右均衡，对外封闭又对内开敞。宁荣街为东西走向，宁荣府是坐北朝南，故而贾雨村说"街东是宁国府，街西是荣国府。"同时，受"左为上"[1]的传统礼制思想影响，因宁府居长、为尊，故位于左侧，即街东。

"公"，古爵位名，是封建制度的最高爵位。据《礼记·王制》记载："王者之制禄爵，公、侯、伯、子、男，凡五等。"《公羊传·隐公五年》则解释的更加详尽："天子三公称公，王者之后称公，其余大国称侯，小国称伯、子、男。"由此可见，贾府爵位之高、功劳之大、地位之尊。

而"府"，本意是古代储藏文书或财物的地方。《说文·广部》载："府，文书藏也。"段玉裁注云："文书所藏之处

---

[1] 古时左右尊卑秩序随着朝代更迭有所改变，但通常"以左为尊"。值得注意的是，所谓"左右"皆以坐北朝南计，因帝王"南面为王"之故。

曰府。"府，还是官署的通称，《周礼·天官·大宰》曰："以八法治官府。"郑玄注云："百官所居曰府。"又引申为官僚、贵族的住宅，亦泛指宅第。如北周庾信《哀江南赋》："诛茅宋玉之宅，穿径临江之府。"其中，"宅"与"府"皆指宅第，为互文的手法。宁荣府亦为此意，指宁国公、荣国公的家宅、府第。

接着，曹公借林黛玉进贾府之事，一步一步地构建宁国府和荣国府的骨架，一笔一笔地描绘宁国府和荣国府的图景，并巧妙运用"草蛇灰线、空谷传声、烘云托月、背面敷粉、一击两鸣、千皴万染"等描述手法，叙得有间架、有曲折、有顺逆、有映带、有隐有见、有正有闰，逐步呈现出完整的宁、荣二府。

北京醇王府大门旧照

跟曹雪芹学园林建筑

且说，黛玉自那日弃舟登岸之后，便"步步留心，时时在意"，自上了轿，进入城中，从纱窗向外瞧了一瞧，其街市之繁华，人烟之阜盛，自与别处不同：

忽见街北蹲着两个大石狮子，三间兽头大门，门前列坐着十来个华冠丽服之人。正门却不开，只有东西两角门有人出入。正门之上有一匾，匾上大书"敕造宁国府"五个大字……又往西行，不多远，照样也是三间大门，方是荣国府了。却不进正门，只进了西边角门。

那轿夫抬进去，走了一射之地，将转弯时，便歇下退出去了……林黛玉扶着婆子的手，进了垂花门，两边是抄手游廊，当中是穿堂，当地放着一个紫檀架子大理石的大插屏。转过插屏，小小的三间厅，厅后就是后面的正房大院。正面五间上房，皆雕梁画栋，两边穿山游廊、厢房，挂着各色鹦鹉、画眉等鸟雀。（第三回）

古典建筑采用木构架承重体系，用材以木为主，土、竹、砖、石等为辅，以柱为承重构建，以间为基本单元。间，又叫"开间"，指两榀屋架所围和的空间，或者四柱之间的空间。作为最基本的建筑单元，每间建筑又可分为正面和侧面，一般而言正面宽而侧面窄。正面，即横向柱子之间的距离，称"阔"或"面阔"；侧面，即纵向柱子之间的距离，称"深"

或"纵深"。若干面阔之和称为"通面阔"，若干进深之和成为"通进深"，即现代建筑的长和宽。

封建社会建筑的规模、样式、布局都是严格按照礼制建造的，大体上可以分为亲王、郡王、贝勒、贝子、公侯、品官、百姓等级别。不同级别的人享有不同等级的居住权限，必须严格按照相应的规格建造住宅。如果逾制建宅，也就是低等级地位的人追求高等级地位的礼遇，从而超越了本来的级别建造住宅，即"僭越"，是要论罪甚至处死的。

关于建筑等级的高低，最直白的体现在于建筑体量的大小，即建筑开间的多少。因为古典建筑以间为基础，不同的间构成单体建筑，不同的单体建筑组成群体院落，不同的群体院落形成街坊和城市，也即由"间、栋、院、群、街坊、城市"构成的建筑形式和城市格局。所以，建筑开间越多，建筑等级越高。

因《易经》以"奇数为阳，偶数为阴"，住宅为人之居所，又称"阳居"，所以建筑开间多为奇数，如一间、三间、五间、七间等。因此，《红楼梦》中宁荣府有"三间大门""三间厅""五间上房"等。

又因"九为极阳之数"，所以最高等级的建筑面阔九间。自然，最高等级的建筑为皇宫大殿专享，再配以进深五间，足以体现"九五之尊"的气度。不过，九开间的建筑也可用

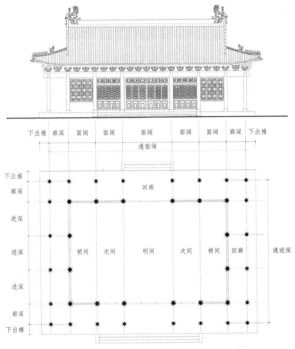

下出檐　廊深　面阔　面阔　面阔　面阔　廊深　下出檐

通面阔

下出檐

廊深

进深　　　　　　回廊

进深　　梢间　次间　明间　次间　梢间　回廊　　通进深

进深

廊深

下出檐

古建筑平面、立面图，面阔与进深

在孔圣人庙堂、泰山神祠堂等皇家祭祀的地方，在等级上等同于皇宫大殿，如曲阜孔庙的大成殿、泰安岱庙的天贶殿等。无论是从历史记载的宫室，还是从考古发现的遗迹，或者是现状遗存的建筑来看，都是如此。但有一处例外，即北京故宫太和殿。作为封建王朝最后的中心，太和殿是体量最大、等级最高的建筑物，其面阔达十一间，是"君权神授"思想的典型体现。

除了建筑体量之外，建筑大门也是体现封建社会等级的重要组成部分。

门，作为建筑的入口，是进入宅第的必由之路，无论是外人来访还是主人出行，都是最先接触的地方。因此，"门"承担着展现主人身份、彰显主人地位的重任，其重要性自然不言而喻。以"门面"指代大家族，就由此而来。如清代李渔在《巧团圆·惊姬》中说："这一所门面高大，定是个乡宦人家。"

按《说文·门部》载："门，闻也。从二户，象形。"《玉篇·门部》则云："门，人所出入也。在堂房曰户，在区域曰门。"也就是说一扇为户，两扇为门。[1] 在住宅内的门，即屋门，称"户"，一般都是用一扇的；在住宅外的门，即宅门，称"门"，一般都是用两扇的。同时，门作为连接内外的出入口，其作用在于使"外可闻于内，内可闻于外"，所以说"门，闻也。"

据乾隆二十九年（1764 年）刊印的《大清会典》规定："亲王府制，正门五间，启门三……正殿七间……凡正门殿寝均酢覆绿琉璃瓦，脊安吻兽，门柱丹镂，饰以五彩金云龙纹，禁雕刻龙首，压脊七种，门钉纵九横七……亲王世子府制，正门五间，启门三……正殿五间……郡王府制亦如之。"

---

[1] 门，繁体写作"門"，为象形字，左右各一扇。

官门，清代徐扬《日月合璧五星联珠图卷》局部

贝勒府制，正门三间，启门一。堂屋五重，各广五间。筒瓦压脊，门柱红青油漆，梁栋贴金，彩画花草。余与郡王府同。贝子府，正门一重，堂屋四重，各广五间，脊用望兽。余与贝勒府同。镇国、辅国公府制亦如之。"

"宁国公"贾演和"荣国公"贾源应当是"镇国公或辅国公"级别的封爵，故而其宅第宁国府和荣国府也应当属于"镇国公或辅国公"级别的府制，与贝子府府制相同。所以，林黛玉眼中的宁荣府先是"三间兽头大门"，后是"正面五间上房"，都是有理有据的。

除了上述的建筑府制之外，大门的名称也是有等级限制的，比如：王府之门可以称"宫门"，王府以下只能称"府门"，而没有爵位的品官，只能称宅或第，其门也只能称"宅门"。

《红楼梦》中秦可卿突然没了，贾宝玉乘车匆匆而来，"一直到了宁国府前，只见府门洞开，两边灯笼照如白昼……"（第十三回），这"府门"二字，可不是泛泛而写的。

明确了宁荣府大门的等级之后，还有一个问题——什么是兽头？兽头大门又是什么？

兽头，又称"铺首"，是中国古代传统建筑的一种大门饰件。[1]因铺首多雕铸成兽头之形，故称"兽头"。铺首一般为金属制，配以金属门环，用作拉门和扣门之用，称为"铺首衔环"。大约起源于商代，而最早的文献记载在汉代，《汉书·哀帝纪》载："孝元庙殿门铜龟蛇铺首鸣。"唐人颜师古注："门之铺首，所以衔环者也。"成书于东汉末年的《通俗文》亦有"门扇饰，谓之铺首也"的记载。

铺首多采用铜制，称铜铺，也有铁制者。高级铺首也有用金、银为之，称金铺、银铺。扣之叮当有声，铿锵有节，是大门上不可或缺的重要组成部件。同时，铺首衔环造型精美，是很好的装饰构件，能起到美化大门的艺术效果。另外，

---

[1] 关于"兽头大门"还有一种解释，即：兽头，又称"望兽"，是中国古代传统建筑的一种屋脊饰件，位于屋脊的顶端。和我们熟悉的"吻兽"具有相同的作用——结构作用、装饰作用和辟邪作用。不同的是，吻兽口朝内，呈含脊状；而望兽口朝外，或张嘴或闭嘴，皆向外望去，故称望兽。同时，望兽的等级要比吻兽的等级低。按照规定，王府大门可以用吻兽，贝子和公爵的府门只能用望兽。所以，《红楼梦》中宁国府和荣国府作为公爵的府门，采用望兽构件，为"兽头大门"。

古人认为威严肃穆的铺首"兽面衔环辟不祥"——具有辟邪镇宅的作用。清代《字诂》一书即写道："门户铺首，以铜为兽面衔环著于门上，所以辟不祥，亦守御之义。"后来，随着铺首衔环礼制意义的加重，也渐渐演变成封建等级的一种象征。所以，铺首既有实用功能，又有装饰作用，还寄托着趋吉避凶的美好愿景，也体现着封建社会的等级地位。

然而，宁荣府的这"三间兽头大门"，平常是不轻易开启的，只有在重大日子或重要人物来访的时候才会打开，日常生活只从侧门进出。侧门一般分布在大门两旁，也即东、西两侧，其中东侧的叫东角门，西侧的叫西角门。所以，黛玉进入荣国府时，"却不进正门，只进了西边角门"。

铺首衔环

此外，还有一点值得注意，黛玉在宁荣街行了半日，最先见到的是"街北蹲着两个大石狮子"（第三回）。当刘姥姥带着板儿进城，找到宁荣街时，却是先"来至荣府大门石狮子前，只见簇簇轿马，刘姥姥便不敢过去"（第六回）。而柳湘莲也曾在情急之中，忘了避讳对宝玉道："你们东府里除了那两个石头狮子干净，只怕连猫儿、狗儿都不干净。"（第六十六回）可见，石狮子之于宁荣府重要的作用。

显而易见，如此威严而又气派的石狮子必然是不能随便安放的，也必然是有严格的等级限制的。狮子被誉为"百兽之王"，大约在东汉时期传入中国，随着佛教的广泛传播和深刻影响，狮子逐渐被视为信仰的图腾，具有辟邪驱恶、镇宅护卫的功能。因此，在宫殿、陵墓、寺庙、桥梁、府邸等建筑前，总能见到栩栩如生、威风凛凛的狮子——既具有装饰作用，又能彰显高贵身份。常见的狮子多为石雕，因其便于取材与雕刻，当然也有铜雕狮子，如北京故宫门前的铜狮和山西晋祠内的铜狮。

一般而言，大门前的狮子应成对摆放、成对更换，且狮头朝外。同样受"左为上"的礼制思想影响，东门边的狮子为雄狮，脚边踩一只绣球，象征威力无边，俗称"狮子滚绣球"。西门边的狮子为雌狮，脚下扶一只幼狮，寓意子孙昌盛，俗称"太狮少狮"。其等级标志，体现在狮子头部的卷

山西晋祠铜狮子

毛疙瘩上：一品官或公侯府第前的石狮子，头部有十三个卷毛疙瘩，称为"十三太保"。一品官以下官员府第门前的石狮子卷毛疙瘩要逐级递减，且每低一品就减一个疙瘩，至七品官以下的府第，则不准安放。想来，宁荣府前的石狮子自然巧夺天工、威风八面，代表着贾府的气质，体现着贾府的威严。同时，也见证着贾府的繁华和衰落。

　　回看宁国府，是"街北蹲着两个大石狮子，三间兽头大门……正门之上有一匾，匾上大书'敕造宁国府'五个大字。"连用四个"大"字，不仅表现了贾府宏伟高大的建筑外观，也暗示了贾府显赫高贵的社会地位，寥寥数笔，尽得风流。

诗礼簪缨气峥嵘——宁荣府

第一章　宁荣府　　　　　　　　　　　　　　　　　029

广宇重门庭院深——

宁国府

　　当日宁国公与荣国公是一母同胞兄弟两个。因宁公居长，荣公居次，故而宁国府地位比荣国府高。所以，贾氏宗祠位于宁国府内，贾家族长也由宁国府嫡长子世袭。

　　然而，虽然宁国府地位较高，但是荣国府故事较多，也就是说故事主线不在宁国府而在荣国府。因此，《红楼梦》中对宁国府的描述相对不多，篇幅也相对不大。较为确定的是：宁国府分为府第和花园两部分，且府第在南而花园在北，符合"前庭后院"的传统格局。

　　宁国府的府第部分，又从东至西分三路，中路为正院，西路为宗祠。东路院落虽然没有具体细节，但应该也是居住用房。下面，分府第、宗祠、花园三部分详细解释。

府第

宁国府的府第部分为典型的合院格局，呈中轴对称布置，广宇重门，庭院深深。在"宁国府除夕祭宗祠"一回中写道："宁国府从大门、仪门、大厅、暖阁、内厅、内三门、内仪门并内塞门，直到正堂，一路正门大开，两边阶下一色朱红大高照，点的两条金龙一般。"（第五十三回）

细细看来，这一系列由"门"组成的轴线部分，大致分为三进院落，从"大门"到"仪门"为第一进院落，从"仪门"到"内三门"为第二进院落，从"内三门"到"正堂"为第三进院落。凡两进以上院落，一般都分为内宅和外宅，并由二门连接和沟通。对于宁府的三进院落空间而言，第一进院落应当为"外宅"部分，而第二、三进院落则为"内宅"部分。外宅部分主要为会客、接待之用，相当于"工作区"，内宅部分主要为起居、生活之用，相当于"生活区"。或者说，外宅部分相当于"客厅"，而内宅部分则好比是"卧室"。在三进院落之中，大厅、内厅（含暖阁）和正堂又构成中轴线上最重要的三重屋宇。

合院格局，也即"院落式民居"，是我国最普遍的一类民居。其建筑形态多样、结构技术先进、装饰元素丰富、庭院格局复杂，中轴对称且左右均衡，同时主次分明、内外有别、尊卑有序。故而，单德启先生说："从某种意义上讲，院落式民居是农耕社会里最先进的一种民居模式，也是封建社会形态物化自然环境较理想的一种模式。"[1]

四合院，是院落式民居的典型代表，一般构成为由四面建筑围和而成的内院式住宅，包括四面住宅和中央庭院两部分。"合"即四面房屋围合在一起，形成一个"口"字形，称为一进四合院。同理，两进院落为两进四合院，平面呈"日"字形；三进院落为三进四合院，平面呈"目"字形，依此类推。此外，四合院还有较为简单的形态，如三合院和二合院，即由三面或两面建筑加围墙组成的院落。《红楼梦》中的居住院落，大多属于四合院式住宅格局。

关于四合院格局的起源，与封建时期的宗法制密切相关。古代以家族为中心，按血统、嫡庶来组织、统治家庭和社会，这个法则称为"宗法制"。王国维在《明堂庙寝通考》中有过精彩的论断："我国家族之制古矣。一家之中有父子、有兄弟，而父子、兄弟又各有其匹偶焉……一家之人，断非一室所能容，而堂与房又非可居之地也……其既为宫室也，必使一家之人所居之室相距至近，而后情足矣相亲焉，功足矣

---

[1] 单德启等《中国民居》，五洲传播出版社，2003 年。

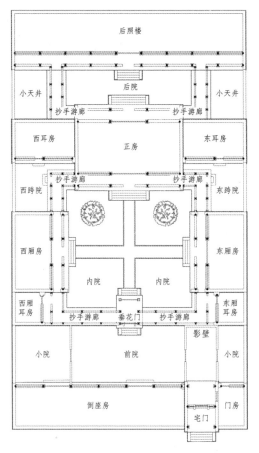

四合院平面图

相助焉。然欲诸室相接，非四阿之屋不可。四阿者，四栋也。

为四栋之屋，使其堂各向东西南北。于外则四堂。后之四室，亦自向东西南北而凑于中庭矣。此置室最近之法，最利于用，而亦足以为观美……大小寝之制，皆不外由此而扩大之缘饰之者也。"[1] 充分说明四合院格局，既符合封建礼制，又利于日常使用，同时非常美观。

回到《红楼梦》中，关于宁国府建筑的描述，在"王熙凤协理宁国府"一回中曾提到："这里凤姐儿来至三间一所抱厦内坐了……"（第十三回）

抱厦，是指在主体建筑之前或之后接建出来的小房子，一般为一间或三间，又称"龟头屋"。因其在形式上如同搂抱着正屋、厅堂，故称"抱厦"。其中，建在正房南侧的称为"抱厦"，建在北侧的则称"倒座抱厦"。结合宁国府的布局推测，这"三间一所抱厦"应当位于正堂之前，即正堂南侧中间的位置。

抱厦可为会客、读书或居住之用，在《红楼梦》中有颇多体现。如：

林黛玉初进贾府之时，王夫人曾携其从后房门由后廊往西，出了角门，是一条南北宽夹道，"南边是倒座三间小小的抱厦厅……"（第三回）

---

[1] 王国维《观堂集林》，中华书局，2004年。《明堂庙寝通考》一文出自卷三。

抱厦，清院本《十二月令图轴·五月》局部

　　林黛玉入住贾府之后，贾母因孙女儿们太多，一处挤着倒不方便，于是"便将迎、探、惜三人移到王夫人这边房后三间小抱厦内居住。"（第七回）

　　王熙凤协理宁国府期间，除于抱厦内理清了宁国府的五样宿弊外，日常生活是贾珍吩咐"每日送上等菜到抱厦内，单与凤姐"。凤姐也不畏勤劳，"独在抱厦内起坐，不与众姊娌合群。"（第十三回）

　　此外，贾氏宗祠的五间正殿前亦建有抱厦。在"宁国府除夕祭宗祠"一回中，通过薛宝琴的视角，写道："进入院中，白石甬路，两边皆是苍松翠柏。……抱厦前上面悬一九龙金匾……"（第五十三回）

至于大观园修建之后，怡红院正房前的抱厦，就是后话了。

从功能上来讲，抱厦属于附属性建筑，并不是必不可少的建筑，也不是不可或缺的构筑。那么，为什么《红楼梦》中建有如此多的抱厦呢？这就要从中国古典建筑的构成说起了。

中国古典建筑属于"三段式"构成，即由屋顶、屋身和台基三部分构成。其中，又以屋顶最具有代表性，最能体现建筑之美，俗称"大屋顶"，是"第五立面"。而且，在从秦汉至明清的漫漫历史长河中，逐渐演变出庑殿顶、歇山顶、悬山顶、硬山顶、卷棚顶、攒尖顶等屋顶形式。然而，对于单体建筑而言，虽然屋顶形式众多，但等级制度限制也多，故而屋顶的选择少，变化也少。同时，中国古典建筑素来以群体组合取胜，所以许多大型的、重要的建筑往往采用前后抱厦、左右耳房、副阶周匝、两面围廊等附属建筑的手法，形成外观更复杂、变化更丰富的组合体。

所以，《红楼梦》中众多正堂建筑附属的"抱厦"，一方面具有实用功能，另一方面也具有美观功能。

宗祠

古代中国并非法制国家，而是礼制国家，历来讲究"以礼治国"，只有在"礼"约束不到的地方，才由法律制裁，所谓"礼不至则上刑""失礼则入刑"。因此，中国被称为"礼仪之邦"。礼，又叫"礼制"，是古代国家规定的礼法、制度。《左传·昭公二十五年》云："夫礼，天之经也，地之义也，民之行也"。意味着"礼"是天地间历久不变的常道，是人民遵行的准则。

礼，渗透到社会的方方面面，关乎着生活中的点点滴滴，大到立国安邦、伦理道德，小到家长里短、行为日常。《礼记·经解》曰："礼之于正国也，犹衡之于轻重也，绳墨之于曲直也，规矩之于方圆也……"由此可见，礼在社会生活中的重要性。因此，孔子说："安上治民，莫善于礼"，"不学礼，无以立。"

所谓"礼"，其主旨思想和基本内容就是等级制，本质是区分上下、高低、贵贱的等级秩序。古语云："凡治人之道，莫急于礼，礼有五经，莫重于祭。"祭祀，是礼仪的发端。由祭祀的礼仪，而形成各种准则规范，并完善成为"礼制"。所谓"国之大事，在祀与戎"，祭祀自古以来就具有极其重要的地位，于国家而言如此，于家庭而言亦然。

祭祀分为两类，一类是祭祀自然神灵，如天、地、日、月，其建筑叫"坛"；一类是祭祀名人先贤，如祖先、孔子、关羽，其建筑叫"庙"或"祠"。前者表达"人与自然"的关系，最高等级为"祭天"，在天坛举行；后者表达"人与

北京天坛祈年殿

人"的关系，最高等级为"祭孔"，在孔庙举行。而最常见、最普通的祭祀为"祭祖"，在家庙或祠堂中举行。

祠，本义是一种祭名，古代宗庙四季祭祀之一，指春祭。《说文·示部》："祠，春祭曰祠。品物少，多文词也。"四祭，据《公羊传·桓公八年》载："春曰祠，夏曰灼，秋曰尝，冬曰蒸。"祠，亦泛指祭祀。《尔雅·释诂》即云："祠，祭也。"又引申为供奉鬼神、祖宗或先贤的庙堂，即宗祠、祠堂，是古时同族的人共同祭祀先祖的房屋。贾氏宗祠，就是贾家共同祭祀先祖的地方。

《红楼梦》第五十三回"宁国府除夕祭宗祠"中，有较为详尽的叙述。

先看其祭祀之地:

已到了腊月二十九日了,各色齐备,两府中都换了门神,联对,挂牌,新油了桃符,焕然一新……诸子弟有未随入朝者,皆在宁府门前排班伺候,然后引入宗祠……

原来宁府西边另一个院子,黑油栅栏内五间大门,上悬一块匾,写着是"贾氏宗祠"四个字,旁书"衍圣公孔继宗书"。两旁有一副长联,写道是:"肝脑涂地,兆姓赖保育之恩。功名贯天,百代仰蒸尝之盛。"亦衍圣公所书。

进入院中,白石甬路,两边皆是苍松翠柏。月台上设着青绿古铜鼎彝等器。抱厦前上面悬一九龙金匾,写道是:"星辉辅弼"。乃先皇御笔。两边一副对联,写道是:"勋业有光昭日月,功名无间及儿孙。"亦是御笔。

五间正殿前悬一闹龙填青匾,写道是:"慎终追远"。旁边一副对联,写道是:"已后儿孙承福德,至今黎庶念荣宁。"俱是御笔。里边香烛辉煌,锦幛绣幕,虽列着神主,却看不真切。

衍圣公,是封建社会对孔子后裔嫡长子孙的世袭封号,始于宋仁宗至和二年(1055年)。明清时期为正一品官阶,世称"天下文官首,历代帝王师"。贾氏宗祠由"衍圣公孔继宗书"和"先皇御笔"题写匾额、对联,自然是凸显其家族既富且贵。曹公用春秋笔法,虚拟其事,以托贾府之盛。而对联

北京孔庙旧照

中"功名贯天""勋业有光""儿孙承福德"等，也无非是烘托贾家功劳之高、地位之尊和富贵之极。故戚序本卷首评云："首叙院宇匾对，次叙抱厦匾对，后叙正堂匾对，字字古艳。"

再看其祭祀之礼：

只见贾府人分昭穆排班立定：贾敬主祭，贾赦陪祭，贾珍献爵，贾琏贾琮献帛，宝玉捧香，贾菖贾菱展拜毯，守焚池。青衣乐奏，三献爵，拜兴毕，焚帛奠酒，礼毕，乐止，退出。

众人围随着贾母至正堂上，影前锦幔高挂，彩屏张护，香烛辉煌。上面正居中悬着宁荣二祖遗像，皆是披蟒腰玉；两边还有几轴列祖遗影。贾荇贾芷等从内仪门挨次列站，直到正堂廊下。槛外方是贾敬贾赦，槛内是各女眷。众家人小厮皆在仪门之外……

凡从文旁之名者，贾敬为首，下则从玉者，贾珍为首，再下从草头者，贾蓉为首，左昭右穆，男东女西，俟贾母拈香下拜，众人方一齐跪下，将五间大厅，三间抱厦，内外廊檐，阶上阶下两丹墀内，花团锦簇，塞的无一隙空地。鸦雀无闻，只听铿锵叮当，金铃玉珮微微摇曳之声，并起跪靴履飒沓之响。

一时礼毕，贾敬贾赦等便忙退出，至荣府专候与贾母行礼。

其尊卑有序，内外有别，等级严明若此。其中"贾府人分昭穆排班立定""上面正居中悬着宁荣二祖遗像……两边还有几轴列祖遗影"，皆是古时昭穆制度的反映，也是封建礼法的缩影。《礼记·中庸》称："宗庙之礼，所以序昭穆也。"所谓昭、穆，是指宗庙中的排列次序，"自始祖之后，父曰昭，子曰穆。"古时宗法制度、宗庙次序，以始祖居中，二世、四世、六世位于始祖之左方，称"昭"；三世、五世、七世，位于右方，称"穆"。故《礼记·王制》载："天子七庙，三昭三穆，与太祖之庙而七。诸侯五庙……大夫三庙……士一庙，庶人祭于寝。"同时，昭穆也是古代祭祀时，子孙按宗法制度的规定排列行礼，其作用在于"别父子、远近、长幼、亲疏之序而无乱也。"是以戚序本评曰："槛以外，槛以内，是男女分界处；仪门以外，仪门以内，是主仆分界处。献帛献爵择其人，应昭应穆从其讳，是一篇绝大典制文字。"

其中，有个细节值得注意，从冷子兴口中，我们得知"宁公死后，长子贾代化袭了官，也养了两个儿子。长名贾敷，至八九岁上便死了，只剩了次子贾敬袭了官，如今一味好道，只爱烧丹炼汞，余者一概不在心上。"（第二回）

道家讲究"清静无为"，贾敬也好清静。当其寿辰之日，贾珍是将上等可吃的东西，稀奇些的果品，装了十六大捧盒，着贾蓉带领家下人等与贾敬送去，只是"在家里率领合家都朝上行了礼了"（第十一回），并不敢亲自前去，贾敬"甚喜欢"。在贾敬听闻长孙媳妇秦可卿死了之后，也并不在意，只凭贾珍料理，并不肯回家，"染了红尘，将前功尽弃"（第十三回）。

然而，在"除夕祭宗祠"时，贾敬不仅回家"染了红尘"，还是"主祭"，且"每一道菜至……按次传至阶上贾敬手中。"而后，贾敬、贾赦等领诸子弟进来，又男一起、女一起，一起一起俱与贾母行礼。十数日间，贾敬时时参与其中，且常常起主导作用，丝毫不敢违背规矩，直至十七日祖祀完毕，才出城去修养。

贾敬作为"方外之人"，也不敢怠慢。由此可见，祖先崇拜意识的强烈以及祖先祭祀仪式的重要。因此，宗祠具有非常重要的地位和作用，其建筑营造也具有优先权。所谓"君子将营宫室，宗庙为先，厩库次之，居室为后"，祭祀祖宗

清代孙温绘除夕祭宗祠

的祠堂、宗庙比日常居住的地方更为重要。祠堂是一个家族中最重要、最神圣的地方，所有重要的事情都必须在祠堂进行，即凡事"必告于先祖"。

因此，在《红楼梦》中我们能看到很多这样的描述：

这年贾政又点了学差，择于八月二十日起身。是日拜过宗祠及贾母起身，宝玉诸子弟等送至洒泪亭。（第三十七回）

当下又值宝玉生日已到，……这日宝玉清晨起来，梳洗已毕，冠带出来。……奠茶焚纸后，便至宁府中宗祠祖先堂两处行毕礼，出至月台上，又朝上遥拜过贾母、贾政、王夫人等。（第六十二回）

那日已是腊月十二日，贾珍起身，先拜了宗祠，然后过来辞拜贾母等人。和族中人直送到洒泪亭方回，独贾琏、贾蓉二人送出三日三夜方回。（第六十九回）

再说回"除夕祭宗祠",在祭祀之前,贾珍那边便"开了宗祠,着人打扫,收拾供器,请神主,又打扫上房,以备悬供遗真影像。"(第五十三回)在祭祀之后,十七日一早,则"又过宁府行礼,伺候掩了宗祠,收过影像,方回来。"(第五十四回)追本溯源,甲骨文中的"宗"字,表示外面一座房子,里面一座牌位。《说文》云:"宗者尊也,庙者貌也,言祭宗庙,见先祖之尊貌也。"因此,才有祭祀前悬挂遗真,祭祀后收起影像的记述。

甲骨文中的"宗"

花园

宁国府花园名为"会芳园",位于宁府后半部分,与荣国府一巷之隔。园中有一股活水,是从北拐墙角下引来。而大观园中"从那闸起流至那洞口,从东北山坳里引到那村庄里,又开一道岔口,引到西南上,共总流到这里,仍旧合在一处,从那墙下出去"(第十七回)的溪、池、河等水,则从此处引来。同时,在修建大观园时,会芳园中的竹树山石以及亭榭栏杆等物,也多有挪用。因两者相距甚近,凑来一处,既省时,又省力,更省心。

关于会芳园的描述，较为零散，也多套路。毕竟，会芳园与大观园相比，面积不大且规格不高，时间不长且故事不多。故而，作为陪衬，也

苏州耦园山水间，临水之轩

作为引子，与大观园"特犯不犯"。其作用在于，日常游乐及亲朋聚会。如第五回中，因花园内梅花盛开，"贾珍之妻尤氏乃治酒，请贾母、邢夫人、王夫人等赏花。"再如第十一回中，贾敬寿辰，天气正凉爽，满园的菊花又盛开，贾珍尤氏便欲"请老祖宗过来散散闷，看着众儿孙热闹热闹。"同时，在园子里戏台上预备着"一班小戏儿并一档子打十番的。"

同样，在第十一回中有骈文赞曰：

黄花满地，白柳横坡。小桥通若耶之溪，曲径接天台之路。石中清流激湍，篱落飘香；树头红叶翩翩，疏林如画。西风乍紧，初罢莺啼；暖日当暄，又添蛩语。遥望东南，建几处依山之榭；纵观西北，结三间临水之轩。笙簧盈耳，别有幽情；罗绮穿林，倍添韵致。

这是对会芳园最详尽的渲染，也是最集中的描述。然而，其文辞性高于实用性，艺术性多于现实性，只是环境氛围的烘托，不能作为园林修建的依据。不过，可以肯定园中西北有水面，临水建轩；东南有假山，依山建榭。园林虽小，却也山环水绕。

除此之外，综合文中描写，比较确定的会芳园建筑有天香楼、凝曦轩（第十一回）、登仙阁、逗蜂轩（第十三回）、和丛绿堂（第七十五回）等。其中，凝曦轩为吃酒处，登仙阁为停灵处，逗蜂轩为捐官处，丛绿堂为设宴处，皆泛泛而谈，点到为止，不必细究。相比之下，天香楼则重要得多，出现的次数多，发生的事情更多。

一方面，宁府在天香楼"庆寿辰、排家宴"，是欢乐的地方。贾敬寿辰之日，凤姐说话之间，已来到了天香楼的后门，见宝玉和一群丫头们在那里玩呢。及至上了楼，尤氏先敬了一钟酒，然后又叫拿戏单来，让凤姐儿点戏。"于是说说笑笑，点的戏都唱完了，方才撤下酒席，摆上饭来。吃毕，大家才出园子来。"（第十一回）

另一方面，宁府又在天香楼"设坛、打醮"，是悲伤的场所。可卿去世之后，贾珍命贾琼、贾琛、贾璘、贾蔷四个人去陪客，"一面吩咐去请钦天监阴阳司来择日，择准停灵七七四十九日，三日后开丧送讣闻。……另设一坛于天香楼

上，是九十九位全真道士，打四十九日解冤洗业醮。"（第十三回）

另外透过甲戌本的批语，我们得到一个重要的信息：《红楼梦》原稿中有"秦可卿淫丧天香楼"一节，且有"遗簪、更衣诸文"，后因"有魂托凤姐贾家后事二件……其事虽未漏，其言其意则令人悲切感服"，于是"姑赦之，因命芹溪删去。"可知，天香楼既是秦可卿偷情纵欲的地方，也是秦可卿自缢身亡的场所。只是因故删去，无缘得见。然而，从书中的字里行间，仍可窥探出零星半点的消息，让我们去想象，那个悲喜交加的天香楼曾发生的一切。

有趣的是，北京恭王府的后花园（即萃锦园）中有一小院，名为"天香庭院"，匾额乃慎郡王允禧所题。因此，有人便与《红楼梦》的"天香楼"挂钩联想，这难免有牵强附会的嫌疑。然而，无巧不成书，当年中国艺术研究院红楼梦研究所正是在这里，以"庚辰本"（前八十回）和"程甲本"（后四十回）为底本，由人民文学出版社于1982年3月出版了《红楼梦》的新校本，改变了多年以来"程乙本"独家通行的局面，并成为最为权威和准确的通行本之一，在红学版本史上具有重要意义。

大观园建成后，会芳园自然不复存在。然而，从第七十五回中"在天香楼下箭道内立了鹄子，皆约定每日早饭后来射鹄子"及"贾珍煮了一口猪，烧了一腔羊……就在会芳园丛绿堂中，屏开孔雀，褥设芙蓉，带领妻子姬妾，先饭后酒，开怀赏月作乐"的描述可知，天香楼与丛绿堂是依旧保留的。同时，贾珍道："这墙四面皆无下人的房子，况且那边又紧靠着祠堂……"（第七十五回），可见丛绿堂在贾氏宗祠之北，且相隔不远。

所谓"会芳"，会者，见也，聚合也；

清代禹之鼎绘《天香满院图》

芳者，香也，美人也。故会芳园，即美人聚合之园。而所谓"天香"者，既是芳香的美称，又是美人的别名。则天香楼，即美人居住之楼。可见曹公之笔，总是不脱清净之女儿、内帷之故事，是以"撰此闺阁庭帏之传。"

跟曹雪芹学园林建筑

轩峻壮丽重威仪——

　　荣国府是故事主角的出生地，也是故事主线的发生地，倾注了曹公极大的心力。相比于宁国府的轻描淡写，荣国府可谓是浓墨重彩。为了既完整又细微的呈现荣国府的面貌，曹公运用了很多手法，比如"画家三染法"，其演说荣府一篇者……借用冷子兴一人，略出其大半，使阅者心中，已有一荣府隐隐在心，然后用黛玉、宝钗等两三次皴染，则耀然于心中眼中矣。

　　且说黛玉自那日弃舟登岸之后，便步步留心，时时在意。故而，关于宁荣府第的描述皆细密周详，以其出自黛玉之眼也。鉴于宁荣府的格局以四合院为主，所以府中大多是一进又一进的院落。仅就第三回"林黛玉进贾府"时拜访的院落而言，便依次有贾母院、贾赦院、荣国府正院、贾政院，然后从后房门由后廊往西，出了角门，是一条南北宽夹道，北边便是凤姐院；再穿过一个东西穿堂，又回到贾母的后院。

除此之外，可以肯定的还有东北角的梨香院（第四回），后门院墙边的周瑞院（第六回），东大院及东边所有下人一带群房（第十六回），南院马棚（第三十九回），李、赵、张、王四个奶妈院（第六十二回）以及贾政的内书房梦坡斋（第八回）和宝玉的外书房绮霰斋（第二十四回）等。

荣国府正院

依据封建礼制，荣国府的正院当与宁国府的正院格局相似，是由"大门、仪门、内仪门"构成的轴线院落，从文章的描述来看，也是如此。书中写道：

一时黛玉进了荣府，下了车。众嬷嬷引着，便往东转弯，穿过一个东西的穿堂，向南大厅之后，仪门内大院落，上面五间大正房，两边厢房鹿顶耳房钻山，四通八达，轩昂壮丽，比贾母处不同。黛玉便知这方是正经正内室，一条大甬路，直接出大门的。进入堂屋中，抬头迎面先看见一个赤金九龙青地大匾，匾上写着斗大的三个大字，是"荣禧堂"，后有一行小字："某年月日，书赐荣国公贾源"，又有"万几宸翰之宝"。大紫檀雕螭案上，设着三尺来高青绿古铜鼎，悬着待漏随朝墨龙大画，一边是金蜼彝，一边是玻璃盎。地下两溜十六张楠木交椅，又有一副对联，乃乌木联牌，镶着錾银的字迹，道是："座上珠玑昭日月，堂前黼黻焕烟霞。"下面一行小字，道是："同乡世教弟勋袭东安郡王穆莳拜手书"。（第三回）

此段文字"虚实相间、真假相生"，一方面极力渲染了荣国府的富贵、尊崇，一方面也客观反映了荣国府的格局、陈设。所谓先皇御笔的"书赐荣国公贾源、万几宸翰之宝"，郡王谦逊的"同乡世教弟穆莳拜手书"，以及高大的"赤金匾、紫檀案、墨龙画"，珍贵的"古铜鼎、金蜼彝、玻璃盎"，还有稀缺的"楠木椅、乌木联、錾银字"等，无一不是既表明陈设、装修的风格，又彰显气度、荣耀的地位。

有个细节值得玩味，既是先皇御笔所书之匾额，则落款"万几宸翰之宝"自然是先皇之印章。只是，该如何解释呢？所谓"万几"，即万机，指帝王日常处理的纷繁政务。唐代刘禹锡《唐故朝散大夫崔公神道碑》云："建中初，德宗始亲万几。"而"宸翰"，即帝王的墨迹，一般指皇帝亲笔手诏、御札之类。至于"之宝"，则是古时皇帝印章的常用落款。因此，"万几宸翰之宝"是先皇印章无疑。有意思的地方在于，康熙皇帝有三枚常用的闲章，一枚为"万几余暇"，一枚为"康熙宸翰",一枚为"康熙御笔之宝"。[1]因此,有理由推断曹雪芹是从三枚闲章各取两个字,巧妙的组成了"万几宸翰之宝"的虚拟印章,也从侧面印证了《红楼梦》著书立说的时代。

再说这正房五间,名为"荣禧堂"。堂者,殿也,高也、明也、正房也,以其高大、开阔、明亮之故;荣者,繁荣也、富贵也;禧者,福禧也、吉祥也。因此,"荣禧堂"包含着繁荣昌盛、富贵吉祥的寓意,且"荣禧堂"的匾额中的"荣"字,也切合"荣国公"爵位中的"荣"字,可谓巧妙。

"堂"通常与"殿"连用,称"殿堂",是古典建筑体系中最重要的建筑。从本质上来说,"殿"和"堂"属于同一种性质的建筑,且"殿"是由"堂"发展、变化而来。一般而言,规格较低、规模较小的叫"堂",规格较高、规模较大的称"殿"。殿堂通常都位于院落的中心位置,典型的殿堂如皇城中的"太和殿",坛庙中的"祈年殿",佛寺中的"大雄宝殿"等。

因为"堂"在房屋的正中,其高度较高,开间较大,是家族聚集的中心,也是家族地位的象征。故而,衍生出一系列相关语汇,如高堂(对父母的敬称)、令堂(对别人母亲

---

[1] 朱冰《曹雪芹·从太虚幻境到武陵溪》,海天出版社,2013年。

跟曹雪芹学园林建筑

北京太和殿旧照

的尊称）、堂房（对同宗而非嫡亲的雅称）等。显然，"堂"的含义已经超出建筑本身，而变成家族、宗亲的象征。同时，堂作为旧时官吏议事、办案的地方，也进一步演变成朝廷的权力中心，如都御史称"都堂"，尚书称"部堂"，宰相称"中堂"等。

"中堂"本来是堂屋正中最重要的位置，一般挂着祖先的牌位、画像或装饰性的书画、楹联，摆着八仙桌、太师椅、几案等。后来，因唐朝于中书省设政事堂，以宰相领其事，故称宰相为"中堂"。到明清时，又因大学士在内阁办公，中书居东西两房，大学士居中，也称"中堂"。同时，"中堂"也变成国画装裱中直幅的一种体式，以悬挂在堂屋正中

苏州网师园万卷堂

壁上得名。凡此种种，都表明"堂"在古代社会具有重要的作用，是民居宅第中最重要的建筑。直到现在，依然有"正堂""堂屋"的说法。

且说这正房两边"厢房鹿顶耳房钻山，四通八达，轩昂壮丽。"通常四合院建筑遵循固定的规格，北面是正房，东、西侧是厢房，南边是倒座，中间是院子，四面都是房子，整体再由连廊贯通。按《清稗类钞·宅地卷》云："京师内城屋宇，异于外城……大房东西必有套房，曰耳房，左右有东西厢，必三间，亦有耳房，名曰盝顶。"厢房，即正房两旁的房屋，一般呈南北向布置，称东厢房、西厢房。耳房，指正房或厢房两侧连着的小房间，因其进深窄、高度矮，相当于人脸两侧的耳朵，故称"耳房"。钻山，则指山墙上开门或开洞。

较为复杂的是"鹿顶",据《汉语大辞典》解释:"鹿顶,指东西房和南北房连接转角的地方,亦借指厢房。"这个解释本不复杂,且易于理解,只是还有另一种说法,即鹿顶是"盝顶"的俗称,而"盝顶"是古典建筑的屋顶形式之一。其做法是将庑殿的尖顶部分除去形成平顶,并保留周围的屋檐和屋角起翘,也即上部是由四个正脊围成为的平顶,下部接庑殿顶。此解释也无不妥,只是用于此处并不恰当,因为《红楼梦》中多次出现"鹿顶"一词。如果按照第二种解释,那么书中"这丫头应了便出去,到二门外鹿顶内,乃是管事的女人议事取齐之所"(第七十一回)里的"鹿顶"就很难说通。然而,如果按照第一种解释,此处借指厢房,则毫无问题。

总之,荣国府的正院及正堂,更多的属于"礼制性建筑",它是贾府显赫的社会地位和尊贵的家族气质的集中体现和典型代表,是一种象征,也是一种荣耀。其建筑规格、陈设、装饰更多的是遵循儒家思想、封建礼制和阶级地位,讲究居中、对称和有序。所有的一切都有礼法约束,不允许有太多个人的审美发挥,也没有太多个体的审美差异,显得过于理性和冷静而缺少感性与温馨,自然不适宜日常起居。因此,贾母选择另辟院子居住,贾政和王夫人也只住在正房东边的耳房内。

贾母院

在林黛玉初进贾府之时，最先去的便是贾母院：

却不进正门，只进了西边角门。那轿夫抬进去，走了一射之地，将转弯时，便歇下退出去了。后面婆子们已都下了轿，赶上前来。另换了三四个衣帽周全的十七八岁的小厮上来，复抬起轿子。众婆子步下围随，至一垂花门前落下。众小厮退出，众婆子上来打起轿帘，扶黛玉下轿。林黛玉扶着婆子的手，进了垂花门，两边是抄手游廊，当中是穿堂，当地放着一个紫檀架子大理石的大插屏。转过插屏，小小三间内厅，厅后就是后面的正房大院。正面五间上房，皆是雕梁画栋，两边穿山游廊、厢房……（第三回）

贾母院平面图示意

跟曹雪芹学园林建筑

而大观园修建之后，贾母院落内最大的变化，便是新建了大花厅：[1]

宝玉听说忙将素服脱了，自去寻了华服换上，问在什么地方坐席，老婆子回说在新盖的大花厅上。宝玉听说，一径往花厅来，耳内早已隐隐闻得歌管之声。刚至穿堂那边，只见玉钏儿独坐在廊檐下垂泪……宝玉忙进厅里……赶着与凤姐儿行礼。（第四十三回）

至十五日之夕，贾母便在大花厅上命摆几席酒，定一班小戏，满挂各色佳灯，带领荣宁二府各子侄孙男孙媳等家宴……这边贾母花厅之上共摆了十来席。每一席旁边设一几，几上设炉瓶三事，焚着御赐百合宫香……一色皆是紫檀透雕，嵌着大红纱透绣花卉并草字诗词的璎珞。（第五十三回）

由此可以确定，贾母的院落主要包括由垂花门、穿堂、三间内厅、五间上房、后院、大花厅组成的中轴线和抄手游廊、穿山游廊、厢房等，共计五进院落，属于豪华型的四合院，且位于荣府宅院的西路。

且说轿夫抬进去，走了一射之地，将转弯时，便歇下退出去了。而所谓"一射之地"，也称"一射"或"一箭之地"，

---

[1] 关于贾母院新盖大花厅位置的详细考证及贾母院示意图的绘制，请参阅黄云皓《图解红楼建筑意象》，中国建筑工业出版社，2006 年。

指弓射一支箭所能达到的距离，约在 120~150 步之间。但有一点要特别注意——古代称人行走，举足一次为"跬"，举足两次为"步"。也就是说，古代的 1 步相当于现代的 2 步。按照成年人正常的步伐计算，一射之地最多不超过 200 米。

苏州网师园轿厅

而后，换了三四个衣帽周全的小厮，复抬起轿子，行至一垂花门前落下，亦退出。所谓"垂花门"，即古语"大门不出，二门不迈"中的"二门"，是四合院中外宅（前院）和内宅（后院）的分界和唯一通道。前院用以会客，后院用以生活。之所以叫"垂花门"，是因为其门上檐柱不落地，垂吊在屋檐下，悬挂在半空中，称为"垂柱"。垂柱下有一垂珠，多刻有花瓣、莲叶等装饰华美的木雕，故称"垂花门"。

古时遵循"男女授受不亲"的封建礼制，供自家人生活起居的内宅，是不允许外人随便出入的，即使是自家的男仆也不例外。因此，众小厮至垂花门前便退下，而小厮退出后众婆子才打起轿帘，扶黛玉下轿，并进了垂花门。

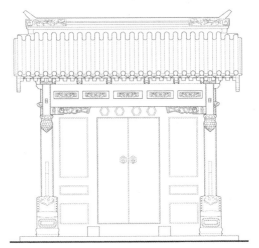

垂花门正立面图

　　显然，垂花门在此主要起屏障作用——保护内宅的私密性。此外，垂花门还具有防卫作用。一般而言，垂花门在向外一侧的两根柱间安装着第一道门，而在向内一侧的两根柱之间安装着第二道门。其中，第一道门比较厚重，类似于大门，又称"棋盘门"，起保卫作用。而第二道门相对轻便，类似于屏风，故称"屏门"，起屏障作用。可见，垂花门既是分隔内外宅的界限，又是连接内外宅的枢纽，具有十分重要的作用。

　　然而，屏门一般也是保持关闭的，除非家族中有重大仪式，如婚、丧、嫁、娶等时才会开启。日常出行皆是通过屏门两侧的侧门或抄手游廊到达内院和各个房间。因此黛玉进了垂花门，便见"两边是抄手游廊"。

抄手游廊，是古典建筑中走廊的一种常用形式，随其形得其名。一般而言，抄手游廊与垂花门相连，进门后先向两侧展开，再向前延伸，到下一个门之前又从两侧回到中间。在院落中，抄手游廊都是沿着院落的外缘布置，形似"抄手"（即两手交叉，握在一起，谓左右环抱）所以叫"抄手游廊"。

垂花门的后面，先是"穿堂"，接着是"插屏"，转过插屏是"小小三间内厅"，再是"正面五间上房"，两边是"穿山游廊、厢房"。穿堂，指宅院中坐落在前后两个庭院之间可以穿行的厅堂。插屏，是一种用于挡风、遮蔽及欣赏的摆设，多设在室内当门之处。

穿山游廊也是古典建筑中走廊的一种常用形式，同样随其形得其名。山，指房子两侧的墙，形状如山，俗称"山墙"。顾名思义，"穿山"者，穿过山墙也。所以穿山游廊，是指从山墙开门或开洞接起的游廊，又称"钻山游廊"。

再说"廊"，它是连接两个或几个独立建筑物的一种有顶、有柱的独立通道，属于开敞式附属建筑。其作用在于减弱天气等外部因素的影响，便于在烈日下及雨雪天行走，同时还具有休憩、观赏等功能。它既是建筑的组成部分，也是划分空间的重要手段。

北京颐和园走廊

苏州拙政园小飞虹

依据廊所处的位置及不同的功用，除抄手游廊、穿山游廊外，还有檐廊、回廊、复廊、长廊、曲廊、水廊、爬山廊、窝角廊等类型。它们有的依附于建筑，有的穿插于花丛，有的缘水，有的绕山，形式不一，造型各异，广泛应用于宅第和园林中。正如《园冶》所言："廊者，庑出一步也，宜曲宜长则胜……随形而弯，依势而曲。或蟠山腰，或穷水际，通花渡壑，蜿蜒无尽。"

从现代建筑意义来说，廊类似于"灰空间"，也称"泛空间"，指建筑内部与外部环境之间的过渡空间，用以达到融和室内外的目的。它在一定程度上模糊了建筑内、外部的界限，消除了建筑内、外部的隔阂，使两个空间成为一个整体，给人自然、有机、和谐、统一的感觉。

兜兜转转，走走停停，拜会过贾赦、贾政之后，黛玉复回到贾母院。吃罢晚饭，当奶娘来请问黛玉的房舍时，贾母说：

"今将宝玉挪出来，同我在套间暖阁里，把你林姑娘暂安置碧纱橱里。等过了残冬，春天再与他们收拾房屋，另作一番安置罢。"宝玉道："好祖宗，我就在碧纱橱外的床上很妥当，何必又出来闹的老祖宗不得安静。"……当下，王嬷嬷与鹦哥陪侍黛玉在碧纱橱内。宝玉之乳母李嬷嬷，并大丫鬟名唤袭人者，陪侍在外面大床上。（第三回）

可知，贾母房中有套间暖阁和碧纱橱，且碧纱橱内外均有床榻供起居之用。

暖阁，是与大屋子隔开而又相通连的小房间，可设炉取暖，亦泛指设炉取暖的小阁。所谓"阁"，本义是门开后插在两旁用来固定门扇的长木桩，引申为"内室"，有隔开之意。一般来说，堂屋在中间，暖阁在旁边。因此，位于堂屋东西两侧的套间，分别叫作"东暖阁"和"西暖阁"。又因暖阁

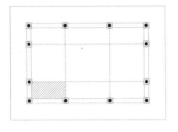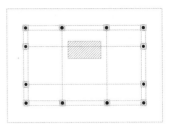

暖阁位置示意图

与堂屋之间通常设有门或帘，冷风不能直接吹入，暖气不能轻易散出，以其温暖之故而称"暖阁"。

《红楼梦》中有多处关于"暖阁"的描写，比较突出的是大观园修建后，贾宝玉的住所——怡红院内的暖阁：

> 说话之间，天已二更，麝月早已放下帘幔，移灯炷香，伏侍宝玉卧下，二人方睡。晴雯自在熏笼上，麝月便在暖阁外边……至次日起来，晴雯果觉有些鼻塞声重，懒怠动弹……晴雯睡在暖阁里，只管咳嗽……正说时，人回大夫来了……这里的丫鬟都回避了，有三四个老嬷嬷放下暖阁上的大红绣幔，晴雯从幔中单伸出手去。（第五十一回）

> 宝玉因让诸姊妹先行，自己落后……正值吃晚饭时，见了王夫人，王夫人又嘱他早去。宝玉回来，看晴雯吃了药。此夕宝玉便不命晴雯挪出暖阁来，自己便在晴雯外边。又命将熏笼抬至暖阁前，麝月便在熏笼上。（第五十二回）

彼时袭人因母亲病重，被哥哥接回家中，留下晴雯、麝月服侍宝玉。三更之后，因宝玉吃茶，晴雯、麝月便醒来倒茶。麝月见月色如水，遂出去走走。晴雯欲唬她玩耍，仗着气壮，不畏寒冷，也不披衣，只穿着小袄，随后出来，不想一阵微风吹来，"只觉侵肌透骨，不禁毛骨森然"，次日便得了风寒。于是，围绕暖阁、熏笼发生了上述一系列的故事。

此外，林黛玉的潇湘馆内也有暖阁：

宝玉听了，转步也便同他往潇湘馆来……紫鹃倒坐在暖阁里，临窗作针黹……宝玉笑道："好一幅'冬闺集艳图'！"……说着，便坐在黛玉常坐的搭着灰鼠椅搭的一张椅上。因见暖阁之中有一玉石条盆，里面攒三聚五栽着一盆单瓣水仙，点着宣石，便极口赞："好花！这屋子越发暖，这花香的越清香。"（第五十二回）

可见，暖阁总是为防寒、保暖之用，不必细言。

然而，有一点需要说明——除了设炉取暖的"暖阁"之外，还有设案办公的"暖阁"。这在贾府之中也有所体现：

已到了腊月二十九日了……宁国府从大门、仪门、大厅、暖阁、内厅、内三门、内仪门并内塞门，直到正堂，一路正门大开……次日，由贾母有诰封者，皆按品级着朝服，先坐八人大轿，带领着众人进宫朝贺，行礼领宴毕回来，便到宁国府暖阁下轿……一面走出来至暖阁前上了轿……一时来至荣府，也是大门正厅直开到底。如今便不在暖阁下轿了，过了大厅，便转弯向西……（第五十三回）

此处的"暖阁"，是古时官署大堂的设案之阁，用以处理公务，又称"官阁"。一般设在官署大堂正中，是用木隔断分隔出来的小间，阁中置案，案下设炉，冬天处理政务时用以取暖。如今，在山西平遥古城的县衙中，还能看到类似的暖阁实例。

再说碧纱橱，《汉语大词典》的解释是："以木为架，顶及四周蒙以绿纱，可以折叠。夏令张之，以避蚊蝇。"李清照《醉花阴》词中"佳节又重阳，玉枕纱橱，半夜凉初透"的"纱橱"即指"碧纱橱"，古时碧纱橱颇为常见。

一般认为，碧纱橱是建筑室内装修中隔断的一种，也称隔扇门、格门。一般人家在木隔扇框架上糊纸，富贵人家则在框架上糊纱。因常用青色和白色绢纱，且在绢纱上题诗、作画，故叫"碧纱橱"。碧纱橱类似于落地长窗，但落地长窗通常安装在建筑外檐，而碧纱橱则主要置于建筑内檐。据《清代匠作则例汇编》记载，"碧纱橱"也可写作"隔扇碧纱橱"，主要起分隔空间的作用。

碧纱橱大多用于柱间，由四至十二扇隔扇门连成一体，将一间房隔成南、北两个房间。通常中间两扇隔扇门为开启扇，其余为固定扇，且开启的隔扇外侧装有帘架，门扇打开时可挂门帘。南侧为男主会客之用，北侧为女眷生活之居，如此设置，室内女眷既能保持内部私密性，又能透过纱窗、门帘了解外面的活动，可谓绝妙。

这一点在《红楼梦》中也曾提到：

一时只见贾珍、贾琏、贾蓉三个人将王太医领来。王太医不敢走甬路，只走旁阶，跟着贾珍到了阶矶上……只见贾母穿着青皱绸一斗珠的羊皮褂子，端坐在榻上，两边四个未留头的小丫鬟都拿着蝇帚漱盂等物，又有五六个老嬷嬷雁翅摆在两旁，碧纱橱后隐隐约约有许多穿红着绿、戴宝簪珠的人。（第四十二回）

保存至今的碧纱橱中，最精美的当属苏州留园五峰仙馆内的碧纱橱。

五峰仙馆是留园东部的主体建筑之一，也是园内最大的厅堂，有"江南第一厅堂"的美誉。五峰仙馆取自李白"庐山东南五老峰，青天削出金芙蓉"中的诗意，因馆前峰石挺秀，颇具庐山五老峰的写意神韵，故名。又因梁柱均以楠木建造，俗称"楠木厅"，是"留园三宝"之一。

苏州留园碧纱橱

五峰仙馆为单檐硬山顶，面阔五间。厅内装饰精致富丽，陈设雅洁大方，中间用碧纱橱隔出前、后两厅。前厅约占三分之二的面积，宽敞明亮，供宴饮会客之用。厅中设供桌，两侧为太师椅，下面是两排坐凳。其碧纱橱主要由槛框、隔扇、横陂[1]等部分组成，上部为大幅真丝绢本花鸟画，色泽

---

[1] 横陂，也有写作"横披"，是隔扇槛窗装修的中槛和上槛之间安装的窗扇。横陂窗早在宋代时期已经出现，到明清时期，通常为固定扇，起亮窗作用，其数量通常比隔扇或槛窗少一扇（在同一间中）。

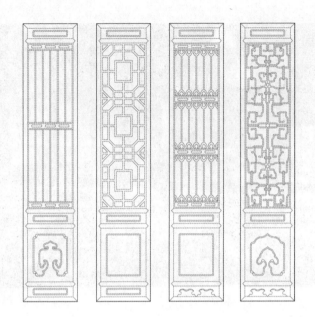

隔扇门样式

鲜艳，栩栩如生。下部夹堂板和细部裙板则精雕细刻，惟妙惟肖。整个碧纱橱古朴而典雅，精美而奢华，具有极高的实用价值、装饰价值和艺术价值。

回到贾母院的"五间正房"，相对而言，两侧的暖阁和碧纱橱都是小节点，正中的厅堂才是大关隘。书中写道：

因今岁八月初三日乃贾母八旬之庆，又因亲友全来……至二十八日，两府中俱悬灯结彩，屏开鸾凤，褥设芙蓉，笙楼鼓乐之音，通衢越巷……贾母等皆是按品大妆迎接，大家厮见，先请入大观园内嘉荫堂，茶毕更衣，方出至荣庆堂上拜寿入席。大家谦逊半日，方才入席。（第七十一回）

由此可知，贾母院的"五间上房"叫作"荣庆堂"，与贾府正院的"荣禧堂"一脉相承。但作为日常起居的"荣庆堂"，相比作为家族形象的"荣禧堂"其陈设简单了许多，也亲切了许多，主要是当中的一张榻和两边的四张椅。如此陈设，更有生活气息和人情味，这种陈设布置也与苏州狮子林燕誉堂北侧的女厅类似，当中设一榻，两边四椅、两几，榻上置一几案，下有两个脚踏。

燕誉堂是狮子林东部的主厅堂，高敞宏丽。中部以屏门、隔扇分隔，采用鸳鸯厅结构。所谓"鸳鸯厅"，是私家园林的一种厅堂形式。指在进深较大的厅堂里用隔扇、屏风和罩等室内装饰，把厅堂的室内分隔为空间相等的两个部分。一般分为南北两个空间，南面向阳故宜冬，北面向阴故宜夏，从而形成"异态而同体"的复合空间，进而起到类似唐代杜牧《阿房宫赋》中"歌台暖响，春光融融。舞殿冷袖，风雨凄凄。一日之内，一宫之间，而气候不齐"的效果，可谓妙思！

燕誉堂南厅挂"燕誉堂"匾，出自《诗经》："式燕且誉，好而无射。"其中燕，通"宴"，指宴会。誉，通"豫"，

苏州狮子林燕誉堂

指欢乐。燕誉，即宴而娱乐之意。燕誉堂是男主会见男宾之所，为宴客所用；北厅挂"绿玉青瑶之馆"匾，"绿玉"指水，"青瑶"指山，是女眷会见女宾之处，为密谈所用。南厅的梁柱用方木，雕刻装饰，铺地为斜铺；北厅的梁柱用圆木，不作装饰，地面为平铺。虽同处一室，却为两种装饰。

　　显而易见，贾母院有格调、讲威仪，屋宇幢幢，院落深深，根植于传统四合院的格局之中，又融入了曹雪芹的生活理想，既符合贾母的身份，又适宜贾母的起居。同时，虽自成一体不受干扰，却也便于子孙"冬温夏清、昏定晨省。"

荣府之宅院，宅中有宅，院中有院，院与宅穿插、融合，体现了丰富的生活情趣和高超的艺术水准。

贾赦院及贾政院

先看贾赦院：

邢夫人答应了一声"是"字，遂带了黛玉与王夫人作辞，大家送至穿堂前。出了垂花门……亦出了西角门，往东过荣府正门，便入一黑油大门中，至仪门前方下来……进入院中，黛玉度其房屋院宇，必是荣府中花园隔断过来的。进入三层仪门，果见正房厢庑游廊，悉皆小巧别致，不似方才那边轩峻壮丽，且院中随处之树木山石皆在。一时进入正室，早有许多盛妆丽服之姬妾丫鬟迎着。邢夫人让黛玉坐了，一面命人到外面书房去请贾赦……遂令两三个嬷嬷用方才的车好生送了姑娘过去，于是黛玉告辞。邢夫人送至仪门前，又嘱咐了众人几句，眼看着车去了方回来。（第三回）

贾赦院位于荣国府正门东面，即荣府宅院的东路，是从荣府中花园隔断过来的。虽也是大门、仪门、三重仪门组成的重重院落，但其正房、厢庑、游廊皆小巧别致，且院中随处可见树木山石，倒颇适合居住。

其实贾赦院没太多特别之处，本不用再解释一番，无非是提到有"外书房"。有一点却必须点明，即贾赦院的主人口——黑油大门。

前文曾说：门，作为建筑的入口，承担着展现主人身份、彰显主人地位的重任。而这些反映在视觉上，除了跟"门的开间"有关之外，还跟"门的色彩"密切相关。

提到"门的色彩"，就不能不说杜甫"朱门酒肉臭，路有冻死骨"的名句，它以强烈的对比，凸显人民的疾苦。朱门，又称"朱户"，即红漆大门，是帝王赏给公侯的"九锡"[1]之一。它是宫门的代表，也是等级的标志。因此，常作为贵族邸第的代称，也泛指贵族豪富之家。东汉卫宏《汉旧仪》云："听事阁曰黄阁，不敢洞开朱门，以别于人主。"官署大门不漆朱红，以区别于天子，即是此意。

据明神宗万历十五年（1587年）刊印的《大明会典》载：洪武二十六年（1393年）规定，公侯"门屋三间五架，门用金漆及兽面，摆锡环"；一品二品官员，"门屋三间五架，

---

[1] 九锡，是古代天子赐给诸侯、大臣的九种器物，是最高礼遇的象征。《公羊传·庄公元年》："锡者何？赐也；命者何？加我服也。"汉代何休注："礼有九锡：一曰车马，二曰衣服，三曰乐则，四曰朱户，五曰纳陛，六曰虎贲，七曰官矢，八曰鈇钺，九曰秬鬯。"

门用绿油及兽面，摆锡环"；三品至五品，"正门三间三架，门用黑油，摆锡环"；六品至九品，"正门一间三架，黑门铁环"。同时规定，"一品官房……其门窗户牖并不许用髹油漆。庶民所居房舍不过三间五架，不许用斗拱及彩色妆饰。"清制基本沿袭，有部分改动。

贾赦现"袭一等将军之职"（第三回），但难以确定品级。好在贾蓉捐官之时，有履历一份，云：

> 江南江宁府江宁县监生贾蓉，年二十岁。曾祖，原任京营节度使世袭一等神威将军贾代化；祖，乙卯科进士贾敬；父，世袭三品爵威烈将军贾珍。（第十三回）

清朝世袭爵位中，除铁帽子王外，其余均从世袭递降，即每承袭一次要降一级，但降级至特定爵位即以此传世。因贾珍为世袭"三品"爵，而贾赦辈分更高，且同样世袭爵位，故贾赦的品级应当高一级，或者至少平级。然而，再结合其"黑油大门"的规制，可以判定贾赦亦为"三品"爵。

可见，曹公之笔，全是细节；曹公之力，全在细致，所谓"于无声处听惊雷"也。因此，脂批中常作"勿得泛泛看过""勿得轻轻看过""不可粗心看过""非泛泛之文也"等语。也许，我们真应该学习黛玉"步步留心，时时在意"的精神。

再说贾政院：

原来王夫人时常居坐宴息，亦不在这正室，只在这正室东边的三间耳房内。于是老嬷嬷引黛玉进东房门来。临窗大炕上铺着猩红洋罽，正面设着大红金钱蟒靠背，石青金钱蟒引枕，秋香色金钱蟒大条褥。两边设一对梅花式洋漆小几。左边几上文王鼎匙箸香盒，右边几上汝窑美人觚——觚内插着时鲜花卉，并茗碗痰盒等物。地下面西一溜四张椅上，都搭着银红撒花椅搭，底下四副脚踏。椅之两边，也有一对高几，几上茗碗瓶花俱备。其余陈设，自不必细说。老嬷嬷们让黛玉炕上坐，炕沿上却也有两个锦褥对设，黛玉度其位次，便不上炕，只向东边椅子上坐了。……于是又引黛玉出来，到了东廊三间小正房内。正房炕上横设一张炕桌，桌上磊着书籍茶具，靠东壁面西设着半旧的青缎靠背引枕。王夫人却坐在西边下首，亦是半旧的青缎靠背坐褥。见黛玉来了，便往东让。黛玉心中料定这是贾政之位。因见挨炕一溜三张椅子上，也搭着半旧的弹墨椅袱，黛玉便向椅上坐了。王夫人再四携她上炕，她方挨王夫人坐了。（第三回）

引文中出现了"东边的三间耳房""东房""东廊三间小正房"等类似的称谓，有必要解释一番。脂批云："黛玉由正室一段而来，是为拜见政老耳，故进东房。"又云："若

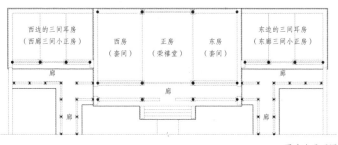

| 西边的三间耳房
（西廊三间小正房） | 西房
（套间） | 正房
（荣禧堂） | 东房
（套间） | 东边的三间耳房
（东廊三间小正房） |

廊

廊

廊

贾政院平面图

见王夫人，直写引至东廊小正室内矣。"由此，大概能够判断出贾政在东房起居，而王夫人在东廊小正室居住。而且可以明确，"东廊小正室"即"正室东边三间耳房"中的正房，但与"东房"不同。东房，应该是荣禧堂正室东侧的套间，类似于贾母院中荣庆堂的套间。而"东廊小正室"中的"廊"，也与抄手游廊、穿山游廊的"廊"有所不同。此处的"廊"，是指房屋前檐伸出的部分，也即堂下四周的廊屋。《广韵·唐韵》载："廊，庑也。文颖曰：'廊，殿下外屋也。'"

　　然而，相比贾政院的建筑格局，其室内陈设的描述倒是更为细致。不过，也只是"略叙荣府家常之礼数，特使黛玉一识阶级座次耳。"同时，借以强化贾府"诗礼簪缨之族、钟鸣鼎食之家"的形象与气度。值得注意的是，在东廊三间小正房的陈设中连用了三次"半旧的"，既可知正堂中的陈设并非家常用度，又可知贾政崇尚节俭之风。毕竟，贾政还算是正经的读书人，具有一定的文化涵养，符合正统的儒家审美。

同样，黛玉的几个细节也体现出她的聪颖，以及尊卑的次序。比如，在东房中，老嬷嬷们让黛玉炕上坐，"黛玉度其位次，便不上炕。"再如，在耳房内，王夫人坐在炕上西边下首，见黛玉来了，便往东让，"黛玉心中料定这是贾政之位……便向椅上坐了。"而后，王夫人"再四携她上炕"，黛玉方挨着坐了。这些都是黛玉知书达礼处，也都是贾府尊卑有序处，需要留心在意。

最后，综合贾赦院和贾政院来看，会发现一个有趣的现象：贾赦是长子，却居住在次位，荣国府宅第的"东路"；贾政是次子，却居住在主位，荣国府宅第的"中路"；而荣国府地位最高者、身份最尊者贾母，又居住在荣国府宅第的"西路"。同时，贾政院与贾母院是联通的，相互之间的联系非常紧密，而贾赦院与贾母院却是隔断的，互相之间的联系异常不便。因此，无论是从时间上还是空间上看，贾政都更靠近贾府的核心，这显然有悖于当时的封建礼制和伦理道德。关于这一点，周汝昌先生认为是"太忠于生活的原型，而放弃了艺术的修改。"[1] 当然，也有人认为另有原因，比

[1] 周汝昌《红楼梦新证（增订本）》，中华书局，2012年。

跟曹雪芹学园林建筑

如贾赦庶出论、贾母偏心论等。总之，有疑问而无定论，且与本文无关，故按下不提。

凤姐院及梨香院

先说凤姐院，关于其院落的描写较为分散，也不甚详尽，主要有：

> 王夫人忙携黛玉从后房门由后廊往西，出了角门，是一条南北宽夹道。南边是倒座三间小小的抱厦厅，北边立着一个粉油大影壁，后有一半大门，小小一所房室。王夫人笑指向黛玉道："这是你凤姐姐的屋子……"这院门上也有四五个才总角的小厮，都垂手侍立。王夫人遂携黛玉穿过一个东西穿堂，便是贾母的后院了。（第三回）
>
> ……进入院来，上了正房台矶，小丫头子打起了猩红毡帘，才入堂屋，只闻一阵香扑了脸来……来至东边这间屋内，乃是贾琏的女儿大姐儿睡觉之所……于是让刘姥姥和板儿上了炕，平儿和周瑞家的对面坐在炕沿上，小丫头子斟上茶来吃茶……忽见堂屋中柱子上挂着一个匣子，底下又坠着一个秤砣般的一物，却不住的乱晃……只听远远有人笑声，约有一二十妇人，衣裙悉率，渐入堂屋，往那边屋内去了。（第六回）

　　凤姐因见他自投罗网，少不得再寻别计令他知改，故又约他道："今日晚上，你别在那里了。你在我这房后小过道子里那间空屋里等我，可别冒撞了。"（第十二回）

　　凤姐心下早已算定……回来便传各色匠役，收拾东厢房三间，照依自己正室一样装饰陈设……兴儿引路，一直到了二姐门前扣门……凤姐听了，便命周瑞家的记清，好生看管着抬到东厢房去。（第六十八回）

　　前儿老太太生日，太太急了两个月，想不出法儿来，还是我提了一句，后楼上现有些没要紧的大铜锡家伙四五箱子，拿去弄了三百银子……我是你们知道的，那一个金自鸣钟卖了五百六十两银子……一语未了，人回："夏太府打发了一个小内监来说话。"……贾琏便躲入内套间去……这里贾琏出来，刚至外书房，忽见林之孝走来。（第七十二回）

　　凤姐院的格局相对简单：南北宽夹道北侧小小一所房室自成一体，开着半大门，门前立着粉油大影壁，穿过东西穿堂便是贾母后院。

　　所谓"小小房屋"，自然是相对"轩昂壮丽"的荣国府正院及"轩峻壮丽"的贾母院而言，若仅就凤姐院而言，其院内正房、耳房、厢房一应俱全，且房内有套间，房外有书房，房后还有储物的后楼和闲置的空屋，这何尝不是外人眼中的"深宅大院"呢？

凤姐院的正房应是三间，为贾琏及凤姐会客之用。正房两侧的耳房，东侧为大姐儿[1]的睡觉之所，西侧为贾琏及凤姐的起居之地。因贾琏先偷娶了尤二姐，贾赦后赏了秋桐，且彼此共居一院，而尤二姐住在东厢房里，则秋桐应住在西厢房内。

如今单说这"粉油大影壁"，所谓"粉油"，即刷白色涂料。至于影壁，又称"照壁、照墙"，是古典建筑中用于遮挡或装饰的墙壁，多雕有图案、文字。影壁是由"隐避"演变而成，门内为"隐"、门外为"避"，后世便俗称"影壁"。影壁可位于大门内，也可位于大门外，前者称为"内影壁"，后者则叫作"外影壁"。

依据建造材料不同，通常分为青砖影壁和琉璃影壁，也有石影壁和木影壁，只是相对少见。其中，木影壁可以移动，类似于屏风。影壁的平面大多呈"一字型"或"八字型"，立面一般分为壁座、壁身、壁顶三部分，和古典建筑的"三段式"构图类似。而底座通常又有简单的台基和复杂的须弥

---

[1] 大姐儿，是否和"巧姐儿"为同一人，目前尚无定论，书中亦有多处矛盾。

座两种形式，同时，也有部分影壁不含底座。对影壁而言，最重要的是壁身的中心区域，即通常由方砖斜铺而成（与水平面成45°角）的"影壁心"。

　　早期的影壁较为简单、朴素和纯粹，通常只是整齐的磨砖对缝，没有过多的装饰。后来，大多饰有吉祥寓意的花卉、图案、文字等。随着皇宫、王府、豪宅等影壁的装饰越来越华丽、雕刻越来越精湛、工艺越来越复杂，影壁也在保留其基本实用功能（即遮挡视线）的同时，增添了装饰功能（即美化屋宇），而且逐渐演变为权力和地位的象征。

　　保留至今的影壁中，最著名且最精美的是三大彩色琉璃"九龙壁"，分别位于山西大同、北京北海和北京故宫。它们和凤姐院前的"粉油大影壁"一样，体量较大，故而都建在院落的前面，也即大门的外面。而普通四合院的影壁，体

北京北海九龙壁

　　　　　　　　　　　　　　　　　　　跟曹雪芹学园林建筑

量较小，所以大多都建在院落的内部，也即大门的里面。

除上述独立建造的影壁之外，还有依附建筑而成的影壁。如大门内侧，在厢房的山墙上直接砌出影壁形状，使影壁与山墙连为一体，一半明露，一半内嵌，称为"座山影壁"。又如大门两旁，与大门槽口成120°或135°夹角，从而形成内凹的入口空间，称作"反八字影壁"或"撇山影壁"。而撇山影壁，又根据平面形式的不同，分为普通撇山影壁和"一封书"撇山影壁，其中一封书撇山影壁又叫"雁翅影壁"。[1]

撇山影壁会在门前形成一个具有内向性的小空间，既可作为进出大门的缓冲之地，又

木制一字影壁

粉油一字影壁

八字影壁

---

[1] 刘大可编著《中国古建筑瓦石营法》，中国建筑工业出版社，1993年。

山西晋祠影壁

苏州博物馆入口

具有指向性。这种设计手法在现代建筑也有所体现。比如苏州博物馆新馆的大门，便取意于此——采用现代手法，诠释古典意境，所谓"中而新"也。

再看梨香院：

贾政便使人上来对王夫人说："……咱们东北角上梨香院一所十来间白空闲，赶着打扫了，请姨太太和哥儿姐儿住了甚好。"……从此后，薛家母子就在梨香院中住了。原来这梨香院即当日荣公暮年养静之所，小小巧巧，约有十余间房舍，前厅后舍俱全。另有一门通街，薛蟠家人就走此门出入。西南有一角门，通一夹道，出了夹道便是王夫人正房的东院

了……这梨香院相隔两层房舍，又有街门另开，任意可以出入……（第四回）

周瑞家的听说，便转东角门出至东院，往梨香院来。刚至院门前，只见王夫人的丫鬟名金钏儿和一个才留了头的小女孩儿站立台矶上顽……周瑞家的不敢惊动，遂进里间来。只见薛宝钗穿着家常衣服，头上只散挽着纂儿，坐在炕里边，伏在小炕几上，同丫鬟莺儿正描花样子呢。（第七回）

且说宝玉来至梨香院中，先入薛姨妈室中来……薛姨妈道："他在里间不是，你去瞧他。里间比这里暖和，那里坐着，我收拾收拾就进去和你说话儿。"宝玉听说，忙下了炕，来至里间门前，只见吊着半旧的红紬软帘。宝玉掀帘一迈步进去，先就看见薛宝钗坐在炕上作针线……（第八回）

原来贾蔷已从姑苏采买了十二个女孩子，并聘了教习，以及行头等事来了。那时薛姨妈另迁于东北上一所幽静房舍居住，将梨香院早已腾挪出来，另行修理了，就令教习在此教演女戏。（第十八回）

贾琏进来，搂尸大哭不止……贾琏便回了王夫人，讨了梨香院停放五日，挪到铁槛寺去，王夫人依允。贾琏忙命人去开了梨香院的门，收拾出正房来停灵。贾琏嫌后门出灵不像，便对着梨香院的正墙上通街现开了一个大门。两边搭棚，安坛场做佛事。（第六十九回）

轩峻壮丽重威仪——荣国府

第一章 宁荣府

083

通过以上引文，大概可以明确梨香院的院落格局和功能变迁。梨香院约有十余间房舍，虽小小巧巧，却前厅后舍俱全。前后两层房舍，西南有一角门，通一夹道至贾政院，另有一门通街。需要说明的是，此"街"并非宁荣街，而是后街。至于梨香院的功能，则从荣国公养静之所，到薛姨妈居住之地，再变成教演女戏的场所，最后作为尤二姐停灵的地方。同时，为了尤二姐出殡，又对着梨香院的正墙上通街现开了一个大门。所谓"梨香院"，皆因院中种有梨花之故，且宝钗的冷香丸就埋在梨花树下。

梨花，花小、色白、香浓。在中国，植物大多讲究比德、讲究吉利，因"梨"谐音"离"，有离散之意，因此，梨花虽美，却很少会种在重要或明显的地方。同时，直到现在还流传着梨不能分吃的说法，以取"不分离"之意。说到此，不禁想起《甄嬛传》中的"碎玉轩"，因梨花飘落似碎玉而得名，也因寓意不好而被赐给甄嬛。

梨花

其实，梨香院虽然很小，但是非常重要。

首先，作为宝钗在贾府最初的住所，梨香院内宝、

元代钱选《梨花图》

黛、钗首次围绕"金玉良缘"发生了一系列暗战，既有宝玉的天真无邪，也有黛玉的尖酸可爱，还有宝钗的浑厚大度。黛玉胸中有大丘壑，虽强词夺理，却又合情合理；虽句句尖刺，却又处处有情。因此，脂批叹道："足见其以兰为心，以玉为骨，以莲为舌，以冰为神，真真绝倒天下之裙钗矣。"

其次，作为女戏在贾府教习的场地，黛玉曾在梨香院墙角上，听得墙内笛韵悠扬，歌声婉转，道是："原来姹紫嫣红开遍，似这般都付与断井颓垣。良辰美景奈何天，赏心乐事谁家院。"又道是："则为你如花美眷，似水流年……你在幽闺自怜。"其词感慨缠绵，听得黛玉不觉点头自叹，继而心动神摇、益发如醉如痴，最后竟心痛神痴、眼中落泪。所谓"西厢记妙词通戏语，牡丹亭艳曲警芳心"，黛玉才读过《西厢记》，又听得《牡丹亭》，从此春心已启，伤感不止，直到泪尽而逝。

再次，作为女戏在贾府居住的场所，宝玉也曾在此"情悟"。那日宝玉着意到梨香院找龄官，进入房内，只见龄官独自倒在枕上，见他进来，纹风不动。而后又第一次被弃厌、被冷落，只得出来。忽见贾蔷提着雀笼而来，本为博佳人一笑，却弄巧成拙惹恼了龄官，便又是赔罪，又是放生。宝玉看在眼里，记在心中，又思及"龄官划蔷"之事，从此就识了分定，悟了缘法——原来人生情愿，各有分定，自己也只是芸芸众生中小小一员而已，从此后只是各人各得眼泪罢了。

最后，作为尤二姐死后停灵的地方，由八个小厮和几个媳妇围随，从内子墙一带用软塌将锦缎衾褥包围的二姐抬到梨香院来。两边搭棚，安坛场、做佛事。贾琏自在梨香院伴宿七日夜，而后在尤三姐之上点了一个穴，破土埋葬，结束了尤二姐短暂的一生。

总之，梨香院是宝玉和宝钗"金玉良缘"的起始点，也是宝玉和黛玉"木石前盟"的转折点，更是尤二姐"魂归离恨"的终结点。

南宋陈亮云："梨花香，愁断肠。世间事，皆无常。……一首梨花辞，几多伤离别。"梨香院注定是个哀怨悲伤而又不同寻常的地方——那是梦开始的地方，也是梦破碎的地方，正如梨花一样，飘摇而落，似碎玉，似残雪。虽然美丽，却也哀伤。

大观园

第二章

移天缩地锡大观 ——

大观园

空间和时间是描述事物的两个基本维度。一般而言，文学大多被认为是"时间的艺术"。然而，《红楼梦》不仅是"时间的艺术"，也是"空间的艺术"，因为它有"做假成真"的大观园作为叙事基础和空间载体。

大观园是《红楼梦》中的理想国，作为红楼儿女的栖息地，为红楼故事的发展提供了背景，使得《红楼梦》中一切兴衰荣辱、悲欢离合都有本可依、有据可循。大观园是曹雪芹人生理想和社会理想的寄托，也是"太虚幻境"在尘世的投射。如果说太虚幻境是天上的"天仙宝境"，那么大观园便是地上的"人间仙境"。

需要强调的是，大观园，首先是为文学服务，其次才是为园林作传。这个特性，就决定了大观园只可能是"虚拟园林"，而不会是"现实园林"。因此，大观园的文学性要高于现实性，艺术性要高于生活性。所以说，大观园是在古典园林体系的基础上创造出来的，是"纸上园林"的典型代表，是"虚拟园林"的集大成者。

为何曹雪芹会创造出一座"虚拟园林"呢？这固然有小说情节发展的需要，但也不能忽略时代背景的影响。明清之际关于"虚拟园林"，或者说"纸上园林"，有许多的记载，很多文人都在思考园林的建造成本和传世价值。比如，文震亨《王文恪公怡老园记》中便说："园林之以金碧著，不若以文章著也。"

这一时期，大量的园记、园图、园诗开始出现。园林，除了具备独立的美学价值之外，还有附加的艺术价值——以文学和绘画为主要表现形式。高居翰认为，这些依托园林而作的记、图、诗，虽然都以园中景致为表现对象，却各有分工。"大抵来说一般是园记标明位置，园图摹写形貌，园诗阐发意韵。记、图、诗合而观之，即使园林已经湮没无存，仍可使人神游于其间。"[1]比如拙政园，文

明代文徵明《拙政园图·槐幄》

---

[1] 高居翰、黄晓、刘珊珊《不朽的林泉》，生活·读书·新知三联书店，2012年。

徵明为之绘制了《拙政园三十一景图》册，并为每一册页题诗一首，而且还撰写了一篇《王式拙政园记》，是典型的"记、图、诗"三位一体。

同时代而稍晚于文徵明的文坛领袖王世贞，虽然建造了"宜花、宜月、宜雪、宜雨、宜风、宜暑"的弇山园，却不免思考现实园林的传世性，以及园林文字的持久性。其在《古今名园墅编序》一文中写道：

> 若夫园墅，不转盼而能易姓，不易世而能使其遗踪逸迹泯没于荒烟夕照间，亡但绿野平泉而已。所谓上林、甘泉、昆明、太液者，今安在也？后之君子，苟有谈园墅之胜，使人目营然，而若有睹足跃，然而思欲陟者，何自得之？得之辞而已。甚哉，辞之不可已也。虽然凡辞之在山水者，多不能胜山水，而在园墅者，多不能胜辞。亡他，人巧易工而天巧难措也。此又不可不辨也。

意思是，古代的名园野墅，如"上林苑、甘泉宫、昆明湖、太液池"等，早已湮没在历史的风沙中，只剩下些残砖碎瓦、绿野平泉。如果想要看一看园林之盛，游一游游园之乐，自然是不能够了。唯一能做的，也只是通过文章记述来感受和想象而已。因此，园林文字较之真实园林更能传世，在时间上更有优势。

同时，现实园林的建造又受到诸如规划范围、土地状况、技术工艺、建造材料等各方面的制约，以及政治因素和经济因素的限制，很难营造出完全符合想象的园林形态。而"虚拟园林"则不同，它可以完全脱离现实限制而充分发挥艺术想象，在文字中天马行空、纵横驰骋，营造一个完美的人间仙境。如明代刘士龙《乌有园记》中，首先表达了与王世贞同样的观点——"吾尝观于古今之际，而明乎有无之数矣。金谷繁华，平泉佳丽，以及洛阳诸名园，皆胜甲一时，迄于今，求颓垣断瓦之仿佛而不可得，归于乌有矣。所据以传者，纸上园耳。即令余有园如彼，千百世而后，亦归于乌有矣。"继而，通过想象构建了自己的"乌有园"，其文曰：

园之基，凭山带水，高高下下，约略数十里。园之大者在山水。园外之山，群峰螺粜；园内之山，叠嶂黛秀。或横见，或侧出，或突兀而上，或奔趋而来。烟岚出没，晓夕百变……穿为池而汇者，以停云贮月，养鱼植藕；分为支而导者，以灌树浇花，曲水行觞；瀹其滞而旁达者，接竹腾飞，焦岩沾润，刳木遥取，隔涧通流……高堂数楹，颜曰"四照"，合四时花卉俱在焉。五色相错，烂如锦城……飞阁参天，云宿檐际。崇楼拔地，柳拂雕栏。曲房周回，户牖潜达。洞壑幽宦，烛火始通。

其园依山傍水，园外山连着园内山，园内水接着园外水，楼阁参天，古木荫地，种四季花卉，赏五彩繁华。此园"不以形而以意"，而且"风雨所不能剥，水火所不能坏，即败类子孙，不能以一草一木与人也。人游吾园者，不以足而以目。三月之粮不必裹，九节之杖不必扶。而清襟所记，即几席而赏玩已周也。"不怕风雨侵蚀，不惧水火无情，不用担心食物不足，也不用担心体力不支，兴之所至，则游目骋怀，足以极视听之娱。

也许，受依托现实园林产生的园记、园画、园诗大量出现，以及对想象中虚拟园林描述的双重影响，促使曹雪芹在《红楼梦》中，依托现实园林体系虚拟出"大观园"的形象。

清刻本《增评补图石头记》中的大观园图

　　然而，大观园在服务于文学的同时，对园林的构建也不遗余力。曹雪芹的高明之处在于创造性地运用古典园林元素，重构古典园林意境，把现实的园林虚拟化，把虚拟的园林现实化：一方面融合现实中的园林景致，使之具有生活的根基，确定其内涵；另一方面又塑造虚拟中的园林风情，使之具有想象的空间，扩大其外延。故而，大观园有真有假，有虚有实，使人只知其一却不知其二，看不清楚也辨不明白，数百年来引人思索、赞叹。

　　因此，为了更为详尽的剖析大观园，将分以下几个部分叙述：园之史，园之建，园之名，园之景。

园之史

　　"园林"一词，最早见于魏晋南北朝时期。[1]如西晋张翰《杂诗》中："暮春和气应，白日照园林"，以及北魏杨玄之《洛阳伽蓝记》中："园林山池之美，诸王莫及。"

----

[1] 陈植《造园词义的阐述》。文中认为：我国各种造园类型，种类繁多，性质不同，总的来说可以以"园"字为代表，但"园"绝不等于"园林"。园林，只是"园"的一种类型，只是以建筑为主的园子。然而，通常所说的"园"大多即指以建筑为主的古典园林，今从之。参见《建筑历史与理论（第二辑）》，江苏人民出版社，1982年。

然而，园林却并非产生于魏晋南北朝时期，而是在这一时期，由于社会矛盾的尖锐、士族思想的冲突以及文化艺术的发展，促进了园林景观与诗文、书法、绘画等艺术形式的交融与渗透，形成了园林发展史上重大的转变，产生了私家园林的原始形态。

中国古典园林，起源于商周时期的"囿"和秦汉时期的"苑"。《说文》记载："囿，苑有园也。一曰：禽兽曰囿。苑，所以养禽兽也。"可见，苑囿即古代有围墙的园林，豢养禽兽、种植树木，以供帝王游猎、玩赏。同时，苑囿中筑有"灵台"，挖有"灵沼"。这一时期的园林，占地范围极广，其中又以"上林苑"最为典型。

上林苑本为秦代旧苑，汉初荒废，至汉武帝时重新扩建。其范围"荡荡乎八川，分流相背而异态。东西南北，驰骛往来。""东南至宜春、鼎湖、御宿、昆吾；旁南山，西至长杨、五柞；北绕黄山，滨渭而东。周袤数百里。"据统计，苑中共有 36 苑、12 宫、25 观。此外，还有巍峨的宫殿，浩淼的池沼，以及无数的珍禽异兽、奇花异草。其面积之大、宫殿之多、园林之盛，亘古未有。而上林苑中、建章宫内的太液池，堆石成山以象征神话传说中东海里瀛洲、蓬莱、方丈三座仙山的手法，也奠定了后世皇家园林"一池三山"的造园格局。

北宋赵佶《祥龙石图卷》

汉代灭亡后，经过了魏晋南北朝数百年的社会动乱，这一时期的园林逐渐摈弃了以往宏大的格局，从原始、粗犷变得小巧、精致，也从"娱神"变成"娱人"。因此，被认为是中国古典园林的转折期，"形成造园活动从生成期到全盛期的转折，初步确立了园林美学思想，奠定了中国风景式园林大发展的基础。"[1]

而后的隋唐时期，经济繁荣，社会稳定，堪称"盛世繁华"，为园林的兴盛奠定了物质基础。同时，唐朝文化和艺术的繁荣，又为园林的普及提供了精神基础。于是，出现了一大批陶冶情操、寄托理想的"文人园林"——追求清雅高逸的格调和诗情画意的境界，融山水自然美和人文艺术美于

[1] 周维权《中国古典园林史（第三版）》，清华大学出版社，2010年。

一体，表达文人士大夫阶层审美观念和价值追求。其中，又以王维的"辋川别业"和白居易的"庐山草堂"对后世影响最大。其清淡、雅致的风格，也为后世文人园林的营造奠定了基础。

两宋时期，延续了"以小见大"的园林空间艺术手法，使"壶中天地""芥子须弥"的范式进一步成熟，并成为古典园林的基本原则。"壶中天地"为道教用语，指微小的壶中可以容纳巨大的天地。"芥子须弥"为佛教用语，指微小的芥子中能容纳巨大的须弥山。因此，"藏天地于壶中""纳芥子于须弥"都是一种比喻，一种境界。所谓"心似微尘藏大千"，小中也有大，小中能见大。因此，计成说："片山有致，寸石生情。"即使是小小的山石，也有它的情态和韵致，也能够引发对巍巍高山的想象。

而这种范式的典型手法为"聚景"，即在有限范围内尽可能将山水、殿宇、村舍、花木等聚集在一起，形成全方位、多层次的观赏景点。[1]北宋徽宗时期，营造的"艮岳"最具代表性。艮岳面积不过十余里，峰高不过九十步，之所以有"天下之美，古今之胜"的美誉，是因为其"园虽小而诸景皆备"——叠山、理水、构亭、置石、种树、莳花应有尽有。

---

[1] 楼庆西《中国园林》，五洲传播出版社，2003 年。

苏州留园冠云峰

与此同时，艮岳还把对园林山石的赏玩推到无以复加的高度。只是，为了替宋徽宗搜集奇花异石而产生的"花石纲"，直接导致了北宋末年的"方腊起义"，也加速了宋朝的灭亡。现如今，集太湖石"瘦、皱、漏、透"四奇于一身的留园"冠云峰"，相传即为花石纲遗物。

宋代以降，及至明清时期，园林艺术已经达到极高的成就，且完全趋于成熟。明清两朝的数百年间，产生了一大批古典园林的杰作，也是目前所见园林的主要建造时期。其中，以北京圆明园、颐和园为代表的"皇家园林"和以苏州拙政园、留园为代表的"私家园林"艺术水准均达到巅峰。只是，皇家园林依然追寻"移天缩地入君怀"的气度，私家园林则更多探求"近水远山皆有情"的韵致。

　　总得来说，皇家园林与私家园林在造园手法上一脉相承、大同小异，并没有本质的区别和明显的差异。而且，两者是可以相互融合、相互渗透的，甚至可以认为"皇家园林是由多个私家园林组合而成的大型苑囿。"因此，颐和园（皇家园林）中，可以仿照无锡的寄畅园（私家园林）建造"园中园"——谐趣园；承德避暑山庄（皇家园林）中，也可以仿照苏州的狮子林（私家园林）建造"园中园"——文园狮子林。

　　从这个角度来说，皇家园林与私家园林最大的区别或许在于"园基"，即园林占地面积的大小。以山水之胜而言，依托于"普天之下，莫非王土；率土之滨，莫非王臣"的皇权统治，皇家园林可以真山真水、大山大水，气魄宏大而景象开阔；而私家园林则只能摹山拟水、片山勺水，曲折幽深以传神写意。同样，因为私家园林占地面积小，故而只

北京颐和园

有会客、读书、游憩等必要的建筑，而皇家园林由于占地面积大，所以还有朝堂、宫殿等办公类建筑及庙宇、道观等宗教类建筑。

然而，无论是皇家园林还是私家园林，都追求"虽由人作，宛自天开"的艺术境界，探寻"天人合一、咫尺千里"的理想情景，达到"移步换景、步移景易"的景观效果。因此，无论是大尺度的"筑山造海"，还是小范围的"斟酌泉石"，都力求以小见大，含蕴天地，构建一个"言有尽而意无穷"，源于自然又高于自然的园林环境。

园之建

大观园的兴建，最核心的目的是为了"省亲"。

彼时贾元春晋封为凤藻宫尚书，加封"贤德妃"，贾府合宅皆心安神定，欣然踊跃。因皇上"见宫里嫔妃、才人等皆是入宫多年，以致抛离父母音容，岂有不思想之理？……故启奏太上皇、皇太后，每月逢二六日期，准其椒房眷属入宫请候看视。"太上皇、皇太后大喜，赞其至孝纯仁，体天格物。又大开方便之恩，特降谕："诸椒房贵戚，除二六日入宫之恩外，凡有重宇别院之家，可以驻跸关防之处，不妨启请内廷銮舆入其私第，庶可略尽骨肉私情、天伦中之至性。"（第十六回）于是贾赦、贾政、贾珍等商议定了，"从东边一带，借着东府里的花园起，转至北边，一共丈量准了，三里半大，可以盖造省亲别院了。"

《园冶》云："园林，巧于因借，精在体宜。""因"者，所谓"精而合宜"者也。"借"者，所谓"巧而得体"者也。意思是，造园要讲究"因地制宜"，这样才省时省力，且合情合理。而园林兴建的基础，在于"相地"，即确定园林兴建的位置、基地。所谓："园基不拘方向，地势自有高低；涉门成趣，得景随形，或傍山林，欲通河沼……相地合宜，构园得体。"因此，庚辰本有批语："园基乃一部之主，必当如此写清。"而贾琏也盛赞道："正经是这个主意才省事，盖的也容易；若采置别处地方去，那更费事，且倒不成体统。"（第十六回）

同时，中国古典园林有"文人造园"的传统，比如倪瓒参与了狮子林的营造，文徵明参与了拙政园的设计。这些文人士大夫，追求较高的审美情趣，普遍以画理入园，以山水画的理论来指导园林山水格局的构建。董豫赣在《山居九式》中指出：郭熙以"不下堂筵，坐穷泉壑"的北宋坐姿，接力了宗炳"卧游山水"的南朝卧姿，并以山水起居的多种身体姿态，为中国山水制定了四种可人标准——可行、可望、可居、可游，且将山水可居、可游的起居品质，鉴定为高于可行、可望的旅游品质……并将山居意象间的"位置经营"视为山水理论的核心。[1]

苏州留园花步小筑

因此，我们常用"诗情画意"来形容园林之美，而且习以为常。可是，就像"走得太远，而忘了为什么出发"一样，用得太多，似乎也忘了为什么园林有"诗情画意"。所谓"诗情画意"，是指园林具有诗的情致、画的意境。一般认为：诗是时间的艺术，画是空间的艺术。纵然有"诗中有画、画中有诗"的论调，但相比之下，诗还是长于叙事以展示时间，画更多长于布景以展示空间。显然，园林具有"诗情画意"，自然是时间艺术与空间艺术的融合。因此，园林有"静观"也有"动观"，有"仰借俯借"也有"应时而借"，且可行、可望、可居、可游。从这一点上看，大观园自然也具有"诗情画意"，必然也是时间艺术与空间艺术的融合。那么，也可以佐证《红楼梦》不仅是时间的艺术，也是空间的艺术。

---

[1] 董豫赣《山居九式》，参见《新美术》，2013 年第 8 期。

由于"文人造园"传统的影响，出现了这样一种现象：关于园林艺术方面的书籍，不是"匠人经验的总结"，而是"文人理论的著作"。典型的如计成的《园冶》、文震亨的《长物志》和李渔的《闲情偶寄》。计成"少以绘名"，文震亨则"工诗善画"，李渔更是素有才子之誉，被称为"中国戏剧理论始祖"。

文人造园也遵循着"因地制宜"的手法。明代侍郎王心一曾得荒地十数亩，构有一园，名为"归园田居"（即今拙政园的东园），便是遵循"因地制宜、因形就势"的手法建造而成。据其《归园田居记》载："园林迹，谓居多隙地，有积水亘其中，稍加浚治，环以林木，地可池则池之。取土于池，积而成高，可山则山之。池之上，山之间可屋则屋之。"不过，在"因地制宜"这一点上，袁枚的随园更为典型。

随园，原为江宁织造曹寅家族园林的一部分，传说是大观园的原型。[1]后归继任的江宁织造隋赫德，故名"隋园"。乾隆年间，袁枚购得此园，改称"随园"，同其音而易其义，并作《随园记》，云："……茨墙剪阔，易檐改涂。随其高为置江楼，随其下为置溪亭，随其夹涧为之桥，随其湍流为

---

[1] 清代富察明义《和随园自寿诗韵》云："随园旧址即红楼，粉腻脂香梦未休。"清代袁枚《随园诗话》中也说："雪芹撰《红楼梦》一部，备记风月繁华之盛，中有所谓大观园者，即余之随园也。"

之舟。随其地之隆中而欹侧也，为缀峰岫；随其蓊郁而旷也，为设窔窔。或扶而起之，或挤而止之，皆随其丰杀繁瘠，就势取景，而莫之夭阏者。"

园中高处置楼，低处安亭。遇溪涧则架桥，逢湍流则行舟。一切都顺应其原始形态，而不大兴土木，就势取景，因地制宜。这与《园冶》中"高方欲就亭台，低凹可开池沼""高阜可培，低方宜挖"的造园理念一脉相承。

然而，由于古代匠人地位低下，加之文人造园的影响，计成在《园冶·兴造论》开宗明义："世之兴造，专主鸠匠，独不闻'三分匠、七分主人'之谚乎？非主人也，能主之人也。"意味着，园林的兴修、建造主要依靠"能主之人"，即能够主持、谋划、设计的人，而不是"匠人"。因此，大观园的兴建"全亏一个老明公号山子野者，一一筹画起造。"（第十六回）山子野，即能主之人也。故"凡堆山凿池、起楼竖阁、种竹栽花一应点景等事"，皆由其制度。

所谓"明公",是对有名位者的尊称。而"山子野"中的"山子"与"样子"一样,是古时对手工艺人的一种称呼。比如,"山子张"即是对明末清初的叠石名家张涟及其子孙张然、张熊、张淑三代人的誉称。再如,"样子(式)雷"即是对清代建筑专家雷发达、雷金玉、雷家玺、雷廷昌等雷姓世家的誉称。而天津彩塑艺术的代表"泥人张"更是流传至今,且已成为著名的工艺美术流派。

显而易见,"山子野"是曹雪芹虚拟出来的叠石大师。在甲戌本中,"山子野"处有批云:"妙号,随事生名。"野者,"冶"也。恰如《园冶》之意,借冶炼而指营造,正构建园林之谓也。[1]所谓"随事生名",即随着事情的发展而给人物设计对应的名字,大多采用谐音、双关等艺术手法。比如贯穿全书的甄(真)与贾(假),承包竹子的"老祝妈"、承包庄稼的"老田妈"、承包花草的叫"老叶妈",以及位于大石头所处的"大荒山无稽崖",大荒而无稽;甄士隐居住的"十里街仁清巷",势利又人情。

明白了"山子野"其人,还需进一步探究一个问题:为什么他可以筹划起造园林?毕竟古典园林一般由"山水、花

---

[1] 据《园冶·自序》记载,计成"暇草式所制,名《园牧》尔。"而后视之友人姑执曹元甫,先生赞叹不已,曰:"斯千古未闻见者,何以云'牧'? 斯乃君之开辟,改之曰'冶'可矣。"意思是,书中所言自出机杼,千古未闻,所以不应该称"牧",而应该叫"冶",因此改名为《园冶》。可见,"冶"字之功非比一般。

木、建筑"三大部分组成，为何以叠山大家总揽园林之事，而不是理水名家或建筑名家主持园林建设呢？

这就要说到中国古典园林最与众不同的特点了。

周维权先生在《中国古典园林史》中，把中国古典园林的个性和共性概括为四个方面：

一、本于自然、高于自然；

二、建筑美与自然美的融糅；

三、诗画的情趣；

四、意境的含蕴。

而中国古典园林之所以能够显示其高于自然的特点，主要即得之于"叠山"（叠石）。这是一种高级的艺术创作

苏州环秀山庄假山

南京瞻园假山

与结构技术的结合，因此叠山匠师往往也兼作园林规划的主持人。[1]

大观园是在贾府原有的花园基础之上改、扩建而成。《园冶》有云："新筑易乎开基，只可栽杨移竹；旧园妙于翻造，自然古木繁花。"大观园自然是妙于翻造，且精于新筑："先令匠役拆宁府会芳园墙垣楼阁，直接入荣府东大院中。荣府东边所有下人一带群房尽已拆去……会芳园本是从北角墙下引来一股活水，今亦无烦再引……其山石树木虽不敷用，贾赦住的乃是荣府旧园，其中竹树山石以及亭榭栏杆等物，皆可挪就前来。"（第十六回）

有山有水，有竹有树，描画图样，兴建楼阁。另有贾蓉单管打造金银器皿，贾蔷下姑苏割聘教习、置办乐器行头，贾琏管理帐幔、帘子并陈设玩器古董，贾芸监督园子东北角种松柏及楼底下种花草等，各司其职，各领其责。同时，为了进港洞、游水景，还特意定做了采莲船四只，座船一只。

就这样，大观园在风风火火的进程中，有条不紊的完工了。而其前后工期，虽然书中说"又不知历几何时"（第十七回），但是据推测可知，也不过短短一年多时间。[2]巨

---

[1] 周维权《中国古典园林史（第三版）》，清华大学出版社，2010年。

[2] 周汝昌《红楼梦新证（增订本）》，中华书局，2012年。工期依据各回的时间推算得出，且有黛玉"这园子盖才盖了一年"（第四十二回）之语为佐证。

大的工程竟然能在短期完成，也侧面反映了清代园林建造技艺的娴熟与高超，以及木构建筑易于构建和拆迁的特点。

园之景

一日贾珍等来回贾政："园内工程俱已告竣，大老爷已瞧过了，只等老爷瞧了，或有不妥之处，再行改造，好题匾额对联的。"贾政沉思片刻，自知这匾额对联乃是难事："论理该请贵妃赐题才是，然贵妃若不亲睹其景，大约亦必不肯妄拟；若直待贵妃游幸过再请题，偌大景致，若干亭榭，无字标题，也觉寥落无趣，任有花柳山水，也断不能生色。"（第十七回）

此段充分说明了以"匾额对联"为代表的文学题名之于园林景致的重要作用——它可以有效地组织真实的园林景物与文学的景观意象，并为之增添深刻的历史文化意义，从而对园林景观进行重塑和再造，为之增胜添趣。《红楼梦》中不遗余力地描述大观园中各景致的匾额、楹联、题诗等，为的就是营造一个整体的氛围和意境。

且说贾政正自犯难，众清客提议"公拟"——各举其长，优则存之，劣则删之。同时，暂且做出灯匾联悬了，待贵妃游幸时，再请定名，方为两全之策。贾政欣然，起身便引众人同往园中一逛。又因偶然撞见在园中戏耍而躲之不及的宝玉，遂也命他跟来。接着，便随着贾政一行人的游园之路，为我们徐徐展开了这幅亘古烁今的园林画卷，为我们缓缓透漏出这座移天缩地的虚拟园林。

先秉正看门：

> 只见正门五间，上面桶瓦泥鳅脊；那门栏窗槅，皆是细雕新鲜花样，并无朱粉涂饰；一色水磨群墙，下面白石台矶，凿成西番草花样。左右一望，皆雪白粉墙，下面虎皮石，随势砌去，果然不落富丽俗套。（第十七回）

引文虽不长，却涵盖了诸多概念，需得逐一理清，方可明白其中的道理。

中国古典建筑是以木、石、砖、瓦等为主要材料。简单来说，木材又分用于建筑结构的"大木作"和用于建筑装修的"小木作"，石材和砖材则主要用于建筑基础、铺地以及装饰，而瓦则主要用于屋顶覆盖。

瓦，本指用土烧制成的器物。《说文·瓦部》云："瓦，土器已烧之总名。"用作建筑材料时，则多指屋瓦，一般用黏土烧制而成，也有用其他材料制作的，如琉璃瓦、水泥瓦等。其形状有平的、拱形的、半圆形的等。瓦的出现，解决了建筑防水的问题，也使展示建筑艺术的材料变得更加丰富。

据考证，瓦大约出现在西周早期，距今约 3000 年。至秦汉时期，形成了独立的制陶业且对工艺加以改进，无论是其生产规模、烧造技术，还是其烧制数量、产品质量，都达到了巅峰，其中又以画像砖和装饰瓦当最有特色。因此，为了赞扬这一时期建筑装饰的辉煌，故称"秦砖汉瓦"。

筒瓦，指半圆筒形的瓦。一般来说，板瓦是仰铺在房顶上，筒瓦是覆在两行板瓦之间，瓦当是屋檐前面筒瓦的瓦头。据《中国古建筑瓦石营法》记载：筒瓦屋面是用弧形片状的板瓦做底瓦，半圆形的筒瓦做盖瓦的瓦面作法。筒瓦屋面用于宫殿、庙宇、王府等大式建筑，以及园林中的亭子、游廊等。

泥鳅脊，指屋面两坡筒瓦瓦垄过脊时呈卷棚式，状如泥鳅，故称。又称"卷棚顶""元宝顶"，是中国古典建筑双坡

釉面筒瓦

屋顶形式之一，其特点是两坡交接处成弧形曲面，无明显屋脊。中国古典建筑的屋顶是等级标致的象征，其使用有严格的等级限制。这其中，有两种屋顶形式一般不受限制，即"卷棚顶"和"攒尖顶"。故而，卷棚顶多见于园林建筑及民居建筑中。

清代版画中的"卷棚顶"

至于水磨群墙，其关键在于"水磨"，即加水精细打磨。古典建筑的墙面十分讲究砖与灰缝的视觉感受，即使是最普通的墙面，往往也要块块过斧、处处勾缝。而"水磨墙"更是精工细作的代表，其一般做法是先用木条隔成若干小格，然后填胶沙于其中，最后加水细磨，磨平后再阴干。这种墙表面洁净平整，棱角完整突出，具有准确的规格和细腻的质感，青砖与灰缝和谐统一，具有极高的美感。只是费工、费力、费时，故而，一般多为大户人家所用，且多用于较讲究、较重要或较特殊的建筑。而贾府用于此处，真是低调的奢华，高级的炫耀。

白石台矶，即"白石台阶"，一般来说，北方称"台矶"而南方称"台阶"，是用砖、石、混凝土等砌成的阶梯，多在大门前或坡道上。"矶",本意是水边石滩或突出的岩石。"台矶"实际上指大长石头砌的台阶,在苏州拙政园和狮子林中皆有实例。

西番草,即"西番莲",为多年生常绿藤本植物。原产南美巴西,大约在明朝末年,经欧洲传入我国,由于其花型别致,花色美丽,得到普遍的喜爱和广泛的应用。西番莲纹,集合了中式的缠枝纹和西方莨苕叶的特点,形成了极富张力、连绵不绝的花卉纹饰,常用在建筑雕刻和家具雕刻等地方。

刘占英在《西番莲雕花的寓意》中提出一个有趣的观点:西番莲,原名的意思是"受难之花",据说花朵的某一部分象征耶稣受难的十字架部件。曹雪芹在迎接"元妃省亲"的大观园正门白石台矶上,用凿有"受难之花"的西番莲图案,象征"烈火烹油,鲜花著锦"的盛事之后,是"千红一窟,万艳同悲"的结局,真是绝妙的大手笔![1]

雪白粉墙,即涂刷成白色的墙。通常所谓的"粉墙黛瓦",即雪白的墙,青黑的瓦。而"虎皮石",其实是花岗石的一种。因产地和质感的不同,花岗石有不同的名称。通常,南方出产的花岗石主要有麻石、金山石和焦山石,而北方出产的花岗石多称为豆渣石或虎皮石。其中,呈黄褐色者

---

[1] 刘占英《西番莲雕花的寓意》,参见《红楼梦学刊》,1993年第1期。

多称为"虎皮石",因其颜色和灰缝纹理与虎皮相似而得名。虎皮石墙,自然是用虎皮石砌成,其用料可以加工,也可以不加工,文中"随势砌去"自然是未做处理,颇有自然之趣。

回看大观园的正门,其园门面阔五间,自然是因为元妃之故,并非逾制和僭越。通篇下来,粉墙、黛瓦、泥鳅脊、水磨石、新鲜细雕花、虎皮随势墙,材料简单而工艺复杂,制作精美又独具匠心,就地取材且随形就势。既不落富丽俗套,又彰显富贵气象,且一派园林情致。

进入门来:

只见迎门一带翠嶂挡在前面。众清客都道:"好山,好山!"贾政道:"非此一山,一进来园中所有之景悉入目中,则有何趣。"众人道:"极是。非胸中大有邱壑,焉想及此。"说毕,往前一望,见白石崚嶒,或如鬼怪,或如猛兽,纵横拱立,上面苔藓成斑,藤萝掩映,其中微露羊肠小径。

中国古典园林艺术讲究曲径通幽,含蓄莫测,也就是要处理好"藏与露""虚与实"的关系。园林艺术与诗词、绘画等艺术有着极深的渊源。所谓"园之佳者,如诗之绝句,词之小令,皆以少胜多,有不尽之意。"[1]诗词中"言外之

---

[1] 陈从周《园林谈丛》,上海人民出版社,2008 年。

意，韵外之致"的意境，深刻影响着园林意境的营造。同样，绘画中"意贵乎远，境贵乎深"的艺术追求，也深刻影响着园林艺术的追求。

在这样的艺术标准下，自然要"掩、隐、藏"，而不能尽收眼底，一览无余。同时，还要透露出零星半点的消息，引发好奇与兴趣。因此，迎门一带翠嶂，这是"藏"，是拒绝，是阻挡；而微露羊肠小径，这是"露"，是邀请，是迎接。而其山石嶙峋，纵横拱立，巍巍乎高山也。正如画竹者，先成竹于胸中；掇山者，亦胸中有丘壑。故而，众人盛赞，且己卯本有批云："好景界，山子野精于此技。"

如今，进入拙政园中，仍能迎面看到一带假山。其山不甚高却颇有气势，周边绿树成荫，花木扶疏。既能避免一览无遗，又能透露园林消息，很好地体现了园林艺术的手法。因拙政园始建于明代，早于《红楼梦》成书的清代，而大观

苏州拙政园入口假山

园中的翠嶂又与拙政园中的假山一脉相承。因此，有人认为拙政园是"大观园"的原型。虽然尚有其他"佐证"，却如前文所言，不足为信。

回到大观园，从小径逶迤进入山口，再进入石洞来，只见佳木茏葱，奇花烂灼，一带清流，从花木深处曲折泻于石隙之下。桥上有亭，出亭过池，一山一石，一花一木，莫不着意观览。一面走，一面说，一面看，一面评，穿花度柳，抚石依泉，过了荼蘼架，再入木香棚，越牡丹亭，度芍药圃，入蔷薇院，出芭蕉坞，盘旋曲折，目不暇接。有山有水，有花有叶，有亭有楼，各景皆遍。

已而来到正殿，再一观望，原来自进门起，所行至此，才游了十之五六。继而引众客行来，忽至一大桥前，水如晶帘一般奔入。原来这桥便是通外河之闸，引泉而入者。有批云："写出水源，要紧之极！……此园大概一描，处处未尝离水，盖又未写明水之从来，今终补出，精细之至！""究竟只一脉，赖人力引导之功，园不易造，景非泛写。"

文震亨《长物志》云："石令人古，水令人远。园林水石，最不可无。一峰则太华千寻，一勺则江湖万里。"山与水，构成了古典园林的格局，也决定了古典园林的气质。如果说，山是园林的骨架，那么，水便是园林的血脉。水随山转，山因水活，山环水抱，山水相依，园林才有了厚重与灵动。而且历来

"山水"都是自然风景、园林情境的代称。《红豆曲》中"遮不住的青山隐隐，流不断的绿水悠悠"也以山水并称作比。

于是又一路行来，或清堂茅舍，或堆石为垣，或编花为牖，或山下得幽尼佛寺，或林中藏女道丹房，或长廊曲洞，或方厦圆亭。进一院中，则见满架蔷薇、宝相。转过花障，又见清溪前阻。众人诧异："这股水又是从何而来？"原来，先从那闸起流至那洞口，再从东北山坳里引到那村庄里，又开一道岔口，引到西南上，共总流到这里，仍旧合在一处，最后从那墙下出去。曲折萦回，巧妙之至。

正如陈从周先生所言："山不在高，贵有层次；水不在深，贵有曲折。"大观园中的山水相互依存，相互映衬，山不高，而处处有余脉；水不深，而处处有清泉。尽得曲折掩映之妙，含蓄蕴藉之致，无怪乎众人叹道："有趣，有趣，真搜神夺巧之至！"（第十七回）

苏州网师园

此外，大观园中还有众多院落，形成"园中有院，院中有园"的格局。从这些描述来看，大观园似乎极大，然而细思之，则不尽然。大观园是在宁荣府的范围内修建的，即使占地比一般的私家园林大，也不可能达到皇家园林的规模。然而，大观园确实在具有私家园林特点的基础上，兼备某种皇家园林的特性。比如，为皇帝的妃子修建，是具备皇家园林特点的必要条件，而园子包含宫苑特有的"幽尼佛寺、女道丹房"，则是具备皇家园林特点的辅助条件。

因此，大观园兼具私家园林与皇家园林的双重特性。从某种意义上，可以称之为"小型苑囿"，或者是"私家苑囿"，但其并不是占地极广的离宫别苑。而且，第十七回中批语也多次透露，园基不大只是布置巧妙。如：

今贾政虽进的是正门，却行的是僻路，按此一大园，羊肠鸟道不止几百十条，穿东度西，临山过水，万勿以今日贾政所行之径，考其方向基址。故正殿反于末后写之，足见未由大道而往，乃逶迤转折而经也。

诸钗所居之处，若稻香村、潇湘馆、怡红院、秋爽斋、蘅芜苑等，都相隔不远，究竟只在一隅。然处置得巧妙，使人见其千邱万壑，恍然不知所穷，所谓会心处不在乎远大。一山一水，一木一石，全在人之穿插布置耳。

仍是沁芳溪矣，究竟基址不大，全是曲折掩隐之巧可知。

所以说，大观园大也大的合理，小也小的精致。其精妙之处，全在胸中丘壑，全在穿插布置，勿被作者瞒去。

园之名

"大观"者，园之名。

大观，原指为人所瞻仰。《易经》云："大观在上……中正以观天下。"从下往上看，故而显得大且贵，因此称为"大观"。《汉语大词典》的解释是："大观，形容事物的美好繁多；或谓规模宏大，内容齐备。"清代周中孚《郑堂札记·卷一》云："博采群书，洋洋乎大观哉！"又比喻集大成的事物。因此，用"大"指其规模，用"观"指其景致，用"大观"总其园名，极恰。

故而，元妃省亲之时、游览之后，赐名"大观园"，并题一绝云："衔山抱水建来精，多少工夫筑始成。天上人间诸景备，芳园应锡大观名。"（第十八回）也就是说，园中包含了人间、天上所有美好的景物，所谓"略成小筑，足征大观。"

这自然是最基础的含义，也是最初级的表达。然而，若要更好的理解"大观"二字的内涵及分量，则有必要类比"大成殿"，做进一步的思考与联想。

苏州文庙大成殿

大成殿，不是一座殿堂的专称，而是一类殿堂的统称。这类殿堂，便是全国各地供奉和祭祀孔子的庙宇（孔庙、文庙）中的主体建筑——正殿，如曲阜孔庙大成殿、南京夫子庙大成殿、南昌文庙大成殿等。

"大成"出自《易经》："元吉在上，大成也。"原指事业上大的成就，后又指学问上大的成就。如《礼记·学记》云："九年知类通达，强立而不反，谓之大成。"而孔庙主殿所称"大成"者，源自孟子对孔子的赞美："孔子之谓集大成。集大成也者，金声而玉振之也。金声也者，始条理也；玉振之也者，终条理也。"金指"钟"，玉指"磬"。古时奏乐，以一变为一成，九变而乐终，至九成完毕，则称为"大成"。其乐以钟发声，以磬收韵，从始至终，孟子遂借以称颂孔子的思想。大成，也成了颂扬孔子学问及道德的最高语汇。

自孔子逝世以后，历朝历代的统治者都对其加以封赏和追谥，也多对曲阜孔庙加以修缮和保护。唐朝时，玄宗李隆基追封孔子为"文宣王"，并扩建了孔庙，故其主殿名为"文宣王殿"。宋代历经多次修建，使孔庙规模日益宏大，功能日益完善。据记载："崇宁初……（徽宗）诏辟雍文宣王殿以'大成'为名。"也就是说，宋徽宗赵佶下诏将"文宣王殿"更名为"大成殿"，并亲笔题写了匾额。从此，曲阜孔庙的正殿便改称"大成殿"，并沿用至今，也成为后世兴建孔庙时，主殿的统一称谓。

因此，可以说"大成殿"是称赞孔夫子集文章道德之"大成"，而"大观园"则是赞扬大观园集园林景致之"大观"。同样，佛寺中的主体建筑之所以称作"大雄宝殿"，是因为"大雄"是佛的德号——大者，包含万有；雄者，摄伏群魔。"大雄宝殿"便是赞扬佛祖具足圆觉智慧，雄镇大千世界。"大观"之名，可与"大成"、"大雄"相类比，可知园名乃深思熟虑，而非浅谈泛拟。

最后，再补充一个小插曲："大成"的名字由宋徽宗赵佶钦定，而赵佶在位期间（1100—1126年）曾使用过诸多年号，其中一个便是"大观"（1107—1110年）。这是无意的巧合还是有意的设计，个中缘由，耐人寻味。

大观楼是大观园中的主体建筑，是为了"元妃省亲"而建造的标志性建筑，自然也是最开敞的场所、最宏伟的建筑。它是元妃更衣、燕坐、开宴、题诗的地方，同时也是大观园中唯一的楼群建筑。关于大观楼，文中有两次集中描写和数次分散叙述。

其中，第一次在"贾政游园"之时，文中道：

行不多远，则见崇阁巍峨，层楼高起，面面琳宫合抱，迢迢复道萦纡，青松拂檐，玉栏绕砌，金辉兽面，彩焕螭头。贾政道："这是正殿了。只是太富丽了些。"众人都道："要如此方是。虽然贵妃崇节尚俭，天性恶繁悦朴，然今日之尊，礼仪如此，不为过也。"一面说，一面走，只见正面现出一座玉石牌坊来，上面龙蟠螭护，玲珑凿就。贾政道："此处书以何文？"众人道："必是'蓬莱仙境'方妙。"贾政摇头不语。宝玉见了这个所在，心中忽有所动，寻思起来，倒像那里曾见过的一般，却一时想不起那年月日的事了。贾政又命他作题，宝玉只顾细思前景，全无心于此了。（第十七回）

第二次为"元妃省亲"之时，文中道：

一时，舟临内岸，复弃舟上舆，便见琳宫绰约，桂殿巍峨。石牌坊上明显"天仙宝境"四字，贾妃忙命换"省亲别墅"四字。于是进入行宫。但见庭燎烧空，香屑布地，火树琪花，金窗玉槛。说不尽帘卷虾须，毯铺鱼獭，鼎飘麝脑之香，屏列雉尾之扇。真是："金门玉户神仙府，桂殿兰宫妃子家。"

贾妃乃问："此殿何无匾额？"随侍太监跪启曰："此系正殿，外臣未敢擅拟。"贾妃点头不语。礼仪太监跪请升座受礼，两陛乐起。礼仪太监二人引贾赦、贾政等于月台下排班，殿上昭容传谕曰："免。"太监引贾赦等退出。又有太监引荣国太君及女眷等自东阶升月台上排班，昭容再谕曰："免。"于是引退。茶已三献，贾妃降座，乐止。退入侧殿更衣，方备省亲车驾出园……已而至正殿，谕免礼归座，大开筵宴。贾母等在下相陪，尤氏、李纨、凤姐等亲捧羹把盏。元妃乃命传笔砚伺候，亲搦湘管，择其几处最喜者赐名。按其书云：

"顾恩思义"匾额

天地启宏慈，赤子苍头同感戴；

古今垂旷典，九州万国被恩荣。

此一匾一联书于正殿……正楼曰"大观楼"，东面飞楼曰"缀锦阁"，西面斜楼曰"含芳阁"。（第十八回）

第一次走陆路，从侧面或后面而来，最后才看到牌坊，重在讲述大观楼的格局。第二次则行水路，从正面进殿，最先看到牌坊，重在描写大观楼的命名。通过引文可知，大观楼为一组建筑，主要由玉石牌坊、大观楼、顾恩思义殿、两边侧殿、月台及缀锦阁、含芳阁等组成。

除此之外，大观楼中还有一座重要的建筑，名曰"嘉荫堂"。按书上云：

因今岁八月初三日乃贾母八旬之庆……宁国府中单请官客，荣国府中单请堂客，大观园中收拾出缀锦阁并嘉荫堂等几处大地方来作退居……贾母等皆是按品大妆迎接。大家厮见，先请入大观园内嘉荫堂，茶毕更衣，方出至荣庆堂上拜寿入席。（第七十一回）

当下园之正门俱已大开，吊着羊角大灯。嘉荫堂前月台上，焚着斗香，秉着风烛，陈献着瓜饼及各色果品……因命在那山脊上的大厅上去。众人听说，就忙着在那里去铺设。贾母且在嘉荫堂中吃茶少歇，说些闲话。（第七十五回）

由此可见，"元妃省亲"时，贾赦、贾政及贾母、女眷等人排班行礼的月台，即嘉荫堂前的月台；而元妃"升座受礼"的地方，则是嘉荫堂。而且，嘉荫堂相对开阔，可容纳多人，是园中的"大地方"。

这里有一个细节，"又有太监引荣国太君及女眷等自东阶升月台上排班。"所谓的"东阶"是什么？

古典建筑一般建于台基之上，这与早期"台榭式"的高台建筑有密切关系。杨鸿勋说："所谓高台建筑，是以高大的夯土台为基础和核心，在夯土版筑的台上层层建屋，木构架紧密依附夯土台而形成土木混合的结构体系。通过将若干较小的单体建筑聚合组织在一个夯土台上，取得体量较大、形式多变的建筑式样。这种建筑外观宏伟，位置高敞，非常适合宫殿建筑的需求。"[1] 因此，"台榭式"的高台建筑从春秋、战国一直持续到秦、汉时期，所谓"美宫室，高台榭，以鸣得意。"

后来，随着历史的发展、建筑材料的成熟及建造工艺的提升，高台逐渐降低形成台基。台基，又称"基座"，是高出地面的建筑物底座。一般由"台明、台阶、勾栏、月台"四部分组成。其作用在于承托建筑物，并使其防潮、防腐。

[1] 杨鸿勋《宫殿考古通论》，紫禁城出版社，2001年。

同时，也可以增加建筑物的高度，调节建筑物的构图，使建筑显得更加宏伟、高大。

封建社会中古典建筑的方位关系是极其讲究的，主位、次位、宾位等都有严格规定。对于台阶而言，古典建筑中实行"东西阶"制度。所谓"东西阶"，即建筑前面的台阶分为并列的两座。因为建筑大多坐北朝南，所以前面的左右两个台阶，一个在左，称"东阶"，又叫"阼阶"；一个在右，称"西阶"，又叫"宾阶"。《礼记·曲礼上》载："主人就东阶，客就西阶。"意思是，主人走东阶，客人走西阶。

孔子说："礼之所兴，众之所治也；礼之所废，众之所乱也。目巧之室，则有奥阼，席则有上下……行则有随，立则有序，古之义也。室而无奥阼，则乱于堂室也。"奥，指室之西南；阼，指堂之东阶。南宋陈澔《礼记集说》云："盖室之有奥，所以为尊者处；堂之有阼，所以为主人之位也。"可见，"东西阶"是礼的反映，是规矩也是制度。那么，作为贾府的主人，荣国太君及女眷等自然是"自东阶升月台。"

回头说"大观楼"，所谓"楼"，是两层及两层以上的房屋、楼房。而正楼两侧的"飞楼、斜楼"，也皆泛指高楼。也与刚入园时"平坦宽豁，两边飞楼插空，雕甍绣槛，皆隐于山坳树杪之间"之语相互呼应。这是《红楼梦》中唯一的楼群建筑，自然也是最高的建筑。需要强调的是，迎春所住

跟曹雪芹学园林建筑

苏州网师园撷秀楼

的"缀锦楼"与此处的"缀锦阁"是不同的建筑，切勿混淆。

作为"元妃省亲"的核心建筑群，大观楼前面有一座"龙蟠螭护、玲珑凿就"的玉石牌坊，题作"天仙宝境"。只是，元春见园内外如此豪华，早已叹息奢华过费，今见此匾如此张扬，忙命改为"省亲别墅"，低调而切题。

牌坊，是古典建筑中非常特殊的一类建筑，也是集中体现封建礼制的一类建筑。虽然它没有使用价值，却具有重要意义——因为它是一种标志性、表彰性、纪念性的建筑，是一种象征和一种精神。

牌坊，也叫"牌楼"[1]，是封建社会为表彰功勋、科第、德政以及忠、孝、节、义所立的建筑物。同时，也是一种装饰性的建筑物，多建于宗庙祠堂、宫观寺庙、街市要冲或古迹名胜等处，具有宣扬礼教、表彰功德、标示位置等作用。一般而言，牌坊由两根、四根或六根等偶数竖向柱子，及柱间上部题有文字的横向匾额组成，有"一间两柱""三间四柱""五间六柱"等形式。

牌坊与古时的"里坊制"密切相关。《礼记·坊记》云："君子之道，辟则坊与，坊民之所不足者也……故君子礼以坊德，刑以坊淫，命以坊欲。""坊"即是"防"，用以防止逾规越矩。而后，随着封建礼制逐步的成熟，原来里、坊中作为地域标志的"里门"和"坊门"，也逐渐演变为用以表彰和纪念的"牌坊"。同时，树立牌坊也成为古代社会弘扬道德、宣传理想、教化民众的一种手段。

"省亲别墅"牌坊，一方面具有标识作用，另一方面也是精神象征。它是皇帝的恩赐，也是贾府的荣耀。故而，雕刻的极为精美、华贵，以至于宝玉见了"心中忽有所动"。虽文中用障眼法，其实所谓"一时想不起"，却是欲盖弥彰，其所见者在"太虚幻境"：

---

[1] 严格意义上讲，"牌楼"与"牌坊"是有差别的——有小屋顶的称为"牌楼"，没有小屋顶的则叫作"牌坊"。只是，一般没有必要刻意区分。

　　　　　　　　　　　　　跟曹雪芹学园林建筑

宝玉听了，喜跃非常……竟随了仙姑，至一所在，有石牌横建，上书"太虚幻境"四个大字，两边一副对联，乃是："假作真时真亦假，无为有处有还无。"转过牌坊，便是一座宫门，也横书四个大字，道是"孽海情天"。又有一副对联，大书云：

厚地高天，堪叹古今情不尽；

痴男怨女，可怜风月债难偿。

宝玉看了……当下随了仙姑进入二层门内，只见两边配殿，皆有匾额、对联，一时看不尽许多，惟见有几处写的是："痴情司"、"结怨司"、"朝啼司"、"夜哭司"、"春感司"、"秋悲司"。（第五回）

同样是牌坊，同样是宫门，两者何其相似。同时，"天仙宝境"的原题又是何等的类似于"太虚幻境"。所以说，大观园是太虚幻境在人间的投影。太虚幻境是天上的清静女儿之地，大观园是地下的清静女儿之所。两者名虽有别，其理则一，可谓"异体而同构"。

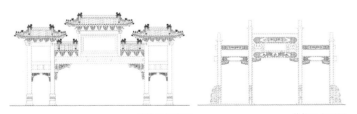

牌楼正立面图　　　　　　　牌坊正立面图

整体来看大观楼建筑群，前面有水，后面有山，既有甬路相接，又有舟舆可通。崇阁巍峨，层楼高起，琳宫合抱，复道萦纡，好一派繁华景象！虽然文中没有明确指出其位置，"想来此殿在园之正中。"正如故宫"三大殿"位于紫禁城的中心一样，大观楼自然也位于大观园的中心，毕竟"中也者，天下之本也。"

有趣的是，如今在云南昆明的滇池，有一座三层重檐琉璃戗角木结构建筑，名为"大观楼"。作为"中国十大名楼"之一，以"天下第一长联"[1]闻名于世，其上联为："五百里滇池，奔来眼底，披襟岸帻，喜茫茫，空阔无边！看：东骧神骏，西翥灵仪，北走蜿蜒，南翔缟素，高人韵士，何妨选胜登临，趁蟹屿螺洲，梳裹就风鬟雾鬓，更苹天苇地，点缀些翠羽丹霞，莫辜负，四围香稻，万顷晴沙，九夏芙蓉，三春杨柳。"下联云："数千年往事，注到心头，把酒凌虚，叹滚滚，英雄谁在！想：汉习楼船，唐标铁柱，宋挥玉斧，元跨革囊，伟烈丰功，费尽移山心力，尽珠帘画栋，卷不及

---

[1] 大观楼长联为清代孙髯翁所撰，共180字。其实单从文字数量来看，还有更长的对联，如清代张之洞《屈原庙湘妃祠联》408字，清代潘炳烈《武昌黄鹤楼联》350字，清代钟耘舫《拟题江津临江城楼联》1612字等。但大观楼此联写景咏史，寓情于景，情景交融，意境深远，对仗工整。故而《滇南楹联丛钞·跋》云："大气磅礴，光耀宇宙，海内长联，应推第一。"

跟曹雪芹学园林建筑

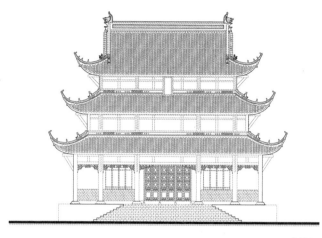

三层楼立面图

暮雨朝云，便断碣残碑，都付与苍烟落照，只赢得，几杵疏钟，半江渔火，两行秋雁，一枕清霜。"

　　昆明的"大观楼"，若以建筑论，本无特殊之处，但有此长联，足以名垂千古。正如黄鹤楼以"诗"传世、滕王阁以"序"传世、岳阳楼以"记"传世，大观楼则以"联"传世。这些传世名楼，充分体现了文学之于园林景致的重要作用——组织和再造景观，丰富及强化内涵。自然也可以明白为何贾政说："这匾额对联倒是一件难事。"也能够懂得各处院落之名皆契合各人身份的巧妙——凡人之所居，皆切人切景。

夜雨潇湘竹里馆——

潇湘馆

　　说起林黛玉居住的潇湘馆，首先想到的必然是院中的竹子。文中写道：

　　出亭过池，一山一石，一花一木，莫不着意观览。忽抬头看见前面一带粉垣，里面数楹修舍，有千百竿翠竹遮映。众人都道："好个所在！"于是大家进入，只见入门便是曲折游廊，阶下石子漫成甬路。上面小小两三间房舍，一明两暗，里面都是合着地步打就的床几椅案。从里间房内又得一小门，出去则是后院，有大株梨花兼着芭蕉。又有两间小小退步。后院墙下忽开一隙，得泉一派，开沟仅尺许，灌入墙内，绕阶缘屋至前院，盘旋竹下而出。（第十七回）

　　竹，是一种多年生乔木状禾草科植物，茎中空、性坚韧，直而有节。四季青翠，傲雪凌霜，与梅、兰、菊并称为"四君子"，又与梅、松合称"岁寒三友"，自古以来，便深受

清代郑板桥《竹石图》

中国人的喜爱。而且，爱竹似乎是文人的天性。无论是"何可一日无此君"的王徽之，还是"先得成竹于胸中"的文与可，抑或是"写取一枝清瘦竹"的郑板桥，皆爱竹成痴，嗜竹如命。以其可食、可用、可画、可雕、可赏、可咏，如此之竹，孰能不爱？

因此，贾政见此翠竹修舍，不禁笑道："若能月夜坐此窗下读书，不枉虚生一世。"问其匾额，宝玉道："这是第一处行幸之处，必须颂圣方可……莫若'有凤来仪'四字。"复题一联云："宝鼎茶闲烟尚绿，幽窗棋罢指犹凉。"

夜雨潇湘竹里馆——潇湘馆

第二章　大观园

131

有凤来仪，典出《尚书·益稷》："箫韶九成，凤皇来仪。"箫韶，是虞舜时的乐曲；九成，即九章。箫韶，共有九个乐章，尽演可奏九遍，故又称"九韶"，是先秦时期最美妙的乐章。其曲之高雅精妙，令孔子推崇备至，而"三月不知肉味"。凤皇，即"凤凰"，传说中的神鸟，又称"百鸟之王"，雄的叫"凤"，雌的叫"凰"，通称为"凤"或"凤凰"。羽毛五色，声如箫乐，常用来象征瑞应，后多用以比喻后妃。有凤来仪，即有凤凰来此栖息，含赞扬之意，为歌颂之语。

据《庄子·秋水》载："夫鹓雏发于南海，而飞于北海，非梧桐不止，非练实不食，非醴泉不饮。"成玄英疏："练实，竹实也。"鹓雏，即凤凰一类的鸟，以竹子的果实为食。此处多竹，可引凤，故用之。同时，"有凤来仪"者，除迎接元妃省亲外，还将迎来颦儿居住，既歌颂了元春，又赞扬了黛玉，两者皆为"人中之凤"，故而有批语云："果然，妙在双关暗合。"

而其"宝鼎茶闲烟尚绿，幽窗棋罢指犹凉"之联，从琐事细节上体察物性事理——翠竹掩映，茶虽已煮罢，尚且怀疑周围有绿烟环绕；浓荫生凉，棋虽已下完，仍然觉得指尖有凉意停留。句句不提竹，却又处处不离竹，颇得闲情逸致之趣和格物致知之妙，只"尚绿"、"犹凉"四字，"不必说竹，便如置身于森森万竿之中。"

清代孙温绘潇湘馆

已而元妃游幸毕，赐名曰"潇湘馆"。又令宝玉赋诗一首，题为《有凤来仪》，诗云："秀玉初成实，堪宜待凤凰。竿竿青欲滴，个个绿生凉。进砌防阶水，穿帘碍鼎香。莫摇清碎影，好梦昼初长。"（第十八回）

"潇湘"一语，内涵极为丰富。其词最早见于《山海经·中山经》："澧沅之风，交潇湘之渊"，原为湘江的别称。北魏郦道元《水经注·湘水》云："神游洞庭之渊，出入潇湘之浦。潇湘者，水清深也。"又为"潇水"和"湘水"的合称，且因潇、湘二水均在湖南境内，也泛指湖南地区。如北宋范仲淹《岳阳楼记》云："北通巫峡，南极潇湘。"

而"潇湘馆"所用之典，出自"潇湘竹"。汉代刘向《列女传》云："有虞二妃，帝尧二女也，长娥皇，次女英。"意思是尧帝有两个女儿，姐姐叫"娥皇"，妹妹叫"女英"，姐妹同嫁给舜为妻。帝舜继尧位，娥皇、女英为其妃，后舜至南方巡视，不幸死于苍梧之野，葬在九嶷山上。二妃往寻，泪染青竹，后死于湘水。后人为了祭奠，奉为湘水之神，称舜为"湘君"，称娥皇、女英为"湘妃、湘夫人"。据张华《博物志·史补》云："舜崩，二妃啼，以涕挥竹，竹尽斑。"因此，表面有紫褐色斑点的竹子，即"斑竹"，又称"潇湘竹、湘妃竹"，或叫"泪竹"。

此典在《红楼梦》中也曾提及，因众人开诗社、取雅号，而黛玉居此，故探春道："当日娥皇、女英洒泪在竹上成斑，故今斑竹又名湘妃竹。如今她住的是潇湘馆，她又爱哭，将来她想林姐夫，那些竹子也是要变成斑竹的。以后都叫她作'潇湘妃子'就完了。"（第三十七回）大家拍手叫妙，黛玉则低头不语。其实，此话虽为戏言，却更像谶语，似乎也预示了黛玉"泪尽而逝"的命运。

《有凤来仪》一诗，皆围绕"竹"字落笔，用典精雅，浅语有致，淡语有味。其颈联"进砌防阶水，穿帘碍鼎香"尤妙，用倒装的句式，反古义而用之，意即：竹林之密，可以挡住溅落台阶的泉水；竹叶之多，甚至阻碍飘向帘外的鼎香。有批云："妙句！古云：'竹密何妨水过'，今偏翻案。"的确，此联此诗，既体现出潇湘馆的竹林特色，又表现了宝玉的天分才情，着实巧妙。

竹，是文人的精致。东坡先生云："宁可食无肉，不可使居无竹。无肉令人瘦，无竹令人俗。人瘦尚可肥，士俗不可医。"文人雅士，自然是不愿流俗的。因此，《红楼梦》中最具文人气质的林妹妹，便选了翠竹遮映的潇湘馆，因其"爱那几竿竹子隐着一道曲栏，比别处更觉幽静。"（第二十三回）

置身于茂林修竹之间，是轻松的、是舒适的、是欢乐的。王维在其辋川别业中，便营建有"竹里馆"，且有诗云："独坐幽篁里，弹琴复长啸。深林人不知，明月来相照。"以自然平淡的笔调，勾勒清幽怡人的意境。采用衬托的手法，以弹琴长啸之"动"，反衬竹林之"静"；以月色如银之"明"，反衬竹林之"暗"。看似信手拈来，实则斟词酌句，信笔而为却匠心独具，深得竹居的妙趣。而北宋王禹偁于黄州所作的《黄冈竹楼记》，更是详细描述了竹居中不同季节、不同场景的妙趣："夏宜急雨，有瀑布声；冬宜密雪，有碎玉声。

竹里馆，清代王原祁《辋川图卷》局部

宜鼓琴，琴调和畅；宜咏诗，诗韵清绝；宜围棋，子声丁丁然；宜投壶，矢声铮铮然；皆竹楼之所助也。"

然而，竹也是文人的悲凉。如，杜子美《佳人》诗云："天寒翠袖薄，日暮倚修竹。"苏子瞻《浣溪沙》词云："沙上不闻鸿雁信，竹间时听鹧鸪啼。"竹子，似乎是属于春、夏的：春季，雨后新笋层出不穷，焕发勃勃生机；夏季，茂林修竹遮天蔽日，倾洒浓浓绿意。只是，每逢秋冬之际，万物肃杀，竹子的翠绿也多了几分寒意。倘或秋雨沥沥，则又更添萧索，备感凄清。于是，在某个秋霖霖霖的夜晚，黛玉独坐窗边，听见窗外雨声渐沥，清寒透幕，不觉心有所感，滴下泪来，继而发于章句，遂成《代别离·秋窗风雨夕》。其词云：

秋花惨淡秋草黄，耿耿秋灯秋夜长。

已觉秋窗秋不尽，那堪风雨助凄凉！

……

寒烟小院转萧条，疏竹虚窗时滴沥。

不知风雨几时休，已教泪洒纱窗湿。

其实，让黛玉心生感慨的，除了雨滴竹叶之外，还有梨花与芭蕉。潇湘馆并非只有竹子，后院中还有"大株梨花兼着芭蕉"。而梨花和芭蕉，同样与"雨"有着不解之缘。无论是"梨花一枝春带雨"，还是"雨打梨花深闭门"，雨中的梨花总有一分孤寂。同样，无论是"雨打芭蕉叶带愁"，还是"芭蕉衬雨秋声动"，雨中的芭蕉总有一种愁绪。所以，在"雨滴竹叶"和"雨打芭蕉"的情景之下，本自敏感细腻的林黛玉，自然容易引发羁旅之思和客居之叹，况且"最难风雨故人来"，加之看了秋闺怨、别离恨等词，写出《秋窗风雨夕》也属情理之中。

回望潇湘馆，在翠竹、芭蕉、梨花等环境中，前院有"一明两暗，小小两三间房舍"，后院又有"两间小小退步"。《说文》云："馆，客舍也。"本义是接待宾客的房屋，是散寄之居。因此，黛玉所居之处曰"馆"，与其寄居的身份十分符合。而且古时学堂、私塾、书房也有多称"馆"者，以谓其才，亦合颦儿身份。所谓"退步"，指用以休息的附属房屋，是正屋后面的小屋。

文中极言其房屋、退步之"小"，是为了突显黛玉客居的身份——它不是物质上的小，而是精神上的小。想来，作为第一处行幸之处，何尝是真的"小"呢？只是，寄人篱下，无以言大罢了。黛玉是纤细的，她没有苏东坡"此心安处是吾乡"的阔达，也没有史湘云"英豪扩大宽宏量"的气度，所以，她眼中的一切都是"小小的"。然而，也唯有由此，方显深邃——求外之不得，故求诸于内，乃有诗人的灵性、骚人的风致，才有《葬花吟》的生命叩问和《桃花行》的时光感慨。

　　至于潇湘馆内的陈设，则是模糊的，只在必要的时候带到一笔，就像对黛玉服饰描写的稀缺一样。也许是因为，颦儿不在意这些外在的表象，更关注内在的情感吧。不过，通过零星的描写，也大概可以勾勒出潇湘馆的独特风貌：

　　林黛玉便回头叫紫鹃道："把屋子收拾了，撂下一扇纱屉；看那大燕子回来，把帘子放下来，拿狮子倚住；烧了香，就把炉罩上。"（第二十七回）

　　一进院门，只见满地下竹影参差，苔痕浓淡，不觉又想起《西厢记》中所云"幽僻处可有人行，点苍苔白露泠泠"二句来……黛玉便令将架摘下来，另挂在月洞窗外的钩上，于是进了屋子，在月洞窗内坐了。吃毕药，只见窗外竹影映入纱来，满屋内阴阴翠润，几簟生凉。黛玉无可释闷，便隔着纱窗调逗鹦哥作戏。（第三十五回）

　　先到了潇湘馆。一进门，只见两边翠竹夹路，土地下苍苔布满，中间羊肠一条石子漫的路……紫鹃早打起湘帘，贾母等进来坐下……林黛玉听说，便命丫头把自己窗下常坐的一张椅子挪到下首，请王夫人坐了。刘姥姥因见窗下案上设着笔砚，又见书架上磊着满满的书……（第四十回）

　　宝玉听了，转步也便同他往潇湘馆来。不但宝钗姊妹在此，且连邢岫烟也在那里，四人围坐在熏笼上叙家常。紫鹃倒坐在暖阁里，临窗作针黹……宝玉笑道："好一副'冬闺集艳图'！可惜我迟来了一步。横竖这屋子比各屋子暖，这椅子上坐着并不冷。"说着，便坐在黛玉常坐的搭着灰鼠椅搭的一张椅上。因见暖阁之中有一玉石条盆，里面攒三聚五栽着一盆单瓣水仙，点着宣石，便极口赞："好花！这屋子越发暖，这花香的越清香。"（第五十二回）

……又听叫紫鹃将屋内摆着的小琴桌上的陈设搬下来，将桌子挪在外间当地，又叫将那龙文鼎放在桌上，等瓜果来时听用……进了潇湘馆的院门看时，只见炉袅残烟，奠馀玉醴……走入屋内，只见黛玉面向里歪着……一面搭讪着起来闲步，只见砚台底下微露一纸角，不禁伸手拿起。（第六十四回）

再结合书中的只言片语来综合判断，可知潇湘馆"一明两暗"的三间正房中，明间是堂屋，左侧是书房，右侧是卧室。堂屋中有日常起居的椅子，冬天的时候还有取暖的熏炉。书房中有月洞窗，窗外是森森绿竹，偶尔挂着鹦鹉。窗内则糊着绿纱[1]，窗下设有一案、一椅，案上放着笔墨纸砚等文

---

[1] 潇湘馆中原糊着绿纱，后因贾母见窗上纱的颜色旧了，与竹子到不配，遂让换为远远看着似烟雾一样的"软烟罗"，且特意嘱咐要用其中又称"霞影纱"的银红色纱帐。贾母此举，是以暖色来增添潇湘馆的生气，对颦儿关怀备至。

房工具。桌案一侧设着琴几，放着古琴；一侧则是书架，摆满书籍。所以，刘姥姥见了感慨道："这哪像个小姐的绣房，竟比那上等的书房还好。"卧室中又分出暖阁，暖阁中有玉石条盆，盆中栽着水仙，点着宣石。

水仙是传统观赏花卉，芬芳清新，素洁幽雅，与兰花、菊花、菖蒲并称为"花中四雅"，又与梅花、茶花、迎春花并列为"雪中四友"。因宋代黄庭坚有"凌波仙子生尘袜，水上盈盈步微月"之句，故雅称"凌波仙子"。水仙有单瓣和重瓣之分，前者称"金盏银台"，后者叫"玉玲珑"。潇湘馆中的水仙，是冬日栽在盆中、置于案间为最佳的单瓣水仙，其房屋越暖，其花越清香。

宣石，又称"宣城石"，质地细致坚硬，以色白如玉为主，可用以制作园林假山或山水盆景。据计成《园冶》载："宣石产于宁国市所属，其色洁白，多于赤土积渍，须用刷

苏州怡园水仙图

洗，才见其质。或梅雨天瓦沟下水，冲尽土色。惟斯石应旧，愈旧愈白，俨如雪山也。一种名'马牙宣'，可置几案。"

在晶莹剔透的玉石盆中，点着雪白的宣石，又栽着"外白中黄，香美如仙，茎干虚通如葱"的水仙，愈发显得清冷洁净，卓尔不群。仿佛遗世而独立，羽化而登仙，的确符合黛玉的气质与精神。只是，失之孤寂，清雅有余而生机不足。

关于水仙，还有传说其为娥皇、女英的化身。一说娥皇、女英殉情于湘江之后，魂魄化为江边水仙，二人也成为司十二月的"水仙花神"。且有诗云："金盏银台碧玉茎，白云魂魄水仙名。灵根原在潇湘侧，梦逐苍梧月色清。"如此，又回溯到"潇湘"的典故之上，不得不赞叹曹公之笔妙绝。

同时，《百花藏谱》云："因花性好水，故名水仙。"《水仙花志》亦云："此花得水则新鲜，失水则枯萎。"水仙与水密切相关，而潇湘馆，正是大观园中所有建筑里，唯一有沁芳溪活水流经的院落。其"后院墙下忽开一隙，得泉一派，开沟仅尺许，灌入墙内，绕阶缘屋至前院，盘旋竹下而出。"（第十七回）同时，潇湘馆有竹、有水，也暗合《园冶》中"结茅竹里，浚一派之长源"的记述。至于为何唯独潇湘馆有水源，其实很好理解，因为宝玉说"女儿是水作的骨肉"（第二回），而林黛玉正是所有闺阁女儿的代表，是宝玉"见了女儿便觉清爽"的典型。

清刻本《新镌全部绣像红楼梦》中的林黛玉

此外，潇湘馆也承载了最多的"水"，无论是"雨打梨花、雨打芭蕉"的雨水，还是"秋流到冬，春流到夏"的泪水。黛玉本就是为"还泪"而来，所以会见花落泪、临风洒泪、听雨滴泪、对月流泪。而其《题帕三绝》诗中，更是由"眼空蓄泪泪空垂"，到"任他点点与斑斑"，再到"湘江旧迹已模糊"，完成了一系列眼泪的转变。有批语云："绛珠之泪至死不干，万苦不怨。所谓'求仁而得仁，又何怨'，悲夫！"

　　或许，只有水仙配得上黛玉，也只有黛玉配得上潇湘馆。因此，在众人感慨翠竹遮映的潇湘馆"好个所在"时，批语会附注一笔："此方可为颦儿之居。"而且，自黛玉入住潇湘馆以来，竹子与黛玉便成了"命运共同体"——两者一荣俱荣，一损俱损。当黛玉安稳，竹子便"凤尾森森，龙吟细细"；当黛玉泪尽，竹子便"落叶萧萧，寒烟漠漠"。

　　不过，潇湘馆虽美，却稍显孤寂。林黛玉风流袅娜，怯弱不胜，本就有不足之症，又如何受得起这寂寥而冷清的长久居所？同时，潇湘馆谐音"消香馆"，可堪孤馆闭春寒，红消香断有谁怜？

　　最后，谨以早年为颦儿所作之《四六言·潇湘馆》为结，诗云：

　　　　一带粉墙，围合房舍三间。

　　　　一脉水源，分割甬路两段。

　　　　一排廊檐，隐藏修竹万竿。

　　　　一张牍案，堆叠诗书五卷。

　　　　一叶蕉扇，挥洒夜雨几点。

　　　　一树梨瓣，飘落寒雪数片。

　　　　一啼鹦燕，调弄琴瑟七弦。

　　　　一世幽闲，情寄潇湘一馆。

蘅芜满苑萝薜芳——

蘅芜苑是薛宝钗的住处，贾政等人游园之时，从山上盘道攀藤抚树而去，只见：

> 水上落花愈多，其水愈清，溶溶荡荡，曲折萦纡。池边两行垂柳，杂着桃杏，遮天蔽日，真无一些尘土。忽见柳阴中又露出一个折带朱栏板桥来，度过桥去，诸路可通。便见一所清凉瓦舍，一色水磨砖墙，清瓦花堵。那大主山所分之脉，皆穿墙而过。贾政道："此处这所房子，无味的很。"
>
> 因而步入门时，忽迎面突出插天的大玲珑山石来，四面群绕各式石块，竟把里面所有房屋悉皆遮住，而且一株花木也无。只见许多异草：或有牵藤的，或有引蔓的，或垂山巅，或穿石隙，甚至垂檐绕柱，萦砌盘阶，或如翠带飘摇，或如金绳盘屈，或实若丹砂，或花如金桂，味芬气馥，非花香之可比。贾政不禁道："有趣！"（第十七回）

清代孙温绘贾政游大观园

　　此处房舍，外表质朴而内有乾坤。故而，贾政见其外，则叹"无味"；入其内，则赞"有趣"。用"欲扬先抑"之法，先驳后立，使其更觉生色、更觉重大。因"只见许多异草"，"且一株花木也无"，故宝玉题为"蘅芷清芬"，并题一联曰："吟成豆蔻才犹艳，睡足荼蘼梦亦香。"

　　蘅，指"杜衡"；芷，指"白芷"。皆为香草之名，比喻美德或高尚的志向。院中的诸多异草，皆是曹雪芹从《离骚》、《楚辞》、《文选》等诗、赋、文中或借用或杜撰而来，因可统归为"香草"类，故以"蘅芷"总称。而"清芬"者，清香而芬芳，同样比喻高洁的德行。如陆机《文赋》云："咏世德之骏烈，诵先人之清芬。"

自屈原发展了《诗经》的"比兴"手法以来，"香草"便成为君子的代称。无论是"扈江离与辟芷兮，纫秋兰以为佩"，还是"畦留夷与揭车兮，杂杜衡与芳芷"，皆是以江离、辟芷、秋兰、留夷、揭车、杜衡、芳芷等香草来自我比拟和自我约束。因此，东汉王逸《离骚经序》中称："离骚之文，依诗取兴，引类譬喻。故善写香草，以配忠贞……灵修美人，以媲于君……"

已而进入院中：

贾政因见两边俱是超手游廊，便顺着游廊步入。只见上面五间清厦连着卷棚，四面出廊，绿窗油壁，更比前几处清雅不同。贾政叹道："此轩中煮茶操琴，亦不必再焚名香矣。（第十七回）

所谓"超手游廊"，也就是前文所说的"抄手游廊"。然而，蘅芜苑建在大主山的余脉上，且房屋四面皆被各色山石环绕，结合来看，此处的"抄手游廊"很可能属于"爬山廊"的类型——即沿山坡而建，旨于连接高处与低处两组建筑景观的廊子。

爬山廊依山就势、上下起伏，走在廊中，始终处于高、低的地势变化和明、暗的光线变化中，妙趣盎然，独具特色。常见的爬山廊，有"叠落式爬山廊"和"斜坡式爬山廊"两

苏州沧浪亭
爬山廊

种形式——前者由若干间游廊像阶梯般排列建造，每间游廊都是水平的；后者则是沿斜坡地面连续建造，每间游廊都是倾斜的。因此，爬山廊可以说是最富变化的游廊建筑。爬山廊可以增长游览线路、增加游览层次、丰富游玩动感，且有依墙的"实廊"与离墙的"空廊"之分，故而颇受造园家的青睐，如今苏州拙政园、留园、狮子林、网师园等园林中都有它的身影。

其中，留园的爬山廊最为典型。作为"斜坡式爬山廊"，蜿蜒曲折，变化多端。自下而上，步移景易，既可遮阳，又能挡雨。沿涵碧山房拾阶而上，缓登、慢攀，不知不觉中便来到了最高处——闻木樨香轩。仰而望之，古木参天，浓荫蔽日；俯而看之，池清水静，游鱼摇曳。若逢深秋，则桂花

苏州留园闻木樨香轩

盛开，芳香四溢，浓馥沁人，闻之神清气爽，恰如轩前对联所言："奇石尽含千古秀，桂花香动万山秋"。

且说贾政有云："此轩中煮茶操琴，亦不必再焚名香矣。"煮茶、操琴、焚香，皆为"雅事"，即风雅之事，是文人士大夫精神情趣的追求。古时有"生活四艺"，曰：点茶、焚香、挂画、插花。又有"文人八雅"，曰：琴、棋、书、画、诗、酒、花、茶。这些或多或少都反映了古代文人享受生活的态度和修身养性的追求，它有别于案牍劳形的世俗生活，是一种悠然自得的"慢生活"。文人也因"雅事"而成"雅士"。

在"元妃省亲"时，游幸过大观园，将此处赐名为"蘅芜苑"。"蘅芜"者，杜蘅、蘼芜也，亦为香草之名。典出《拾遗记·前汉上》："（汉武）帝息于延凉室，卧梦李夫人授帝蘅芜之香。帝惊起，而香气犹着衣枕，历月不歇。"

后因薛宝钗"罕言寡语，人谓藏愚；安分随时，自云守拙"（第八回），颇有君子之风，而院中之香草恰似宝钗之德行，故宝钗得此院而居之，且雅号"蘅芜君"。

据宝玉所作《蘅芷清芬》诗中"蘅芜满净苑，萝薜助芬芳"可知，蘅芜苑中的植物主要是藤萝、薜荔、杜蘅和蘼芜。其中，杜蘅、蘼芜是香草，而藤萝、薜荔则是蔓生攀援植物。攀援植物的特点是缠绕或依附他物（如山石、树木等）蟠曲绵亘而上。古诗中多将之比作依赖男性而上升的女子。因此，朱淡文认为曹雪芹以此暗喻薛宝钗，想突出的就是她"性格稳重和平，坚忍不拔，意图通过婚姻劝导夫君'立身扬名'以实现自己'好风凭借力，送我上青云'的欲望。"[1]

在刘姥姥二进大观园时，贾母一行人引着在园中清逛，不觉间已到了花溆的萝港之下，顿觉阴森透骨。贾母见岸上的清厦旷朗，忙命拢岸，顺着云步石梯上去，一同进了蘅芜苑，只觉异香扑鼻。又见：

> 那些奇草仙藤愈冷愈苍翠，都结了实，似珊瑚豆子一般，累垂可爱。及进了房屋，雪洞一般，一色玩器全无，案上只有一个土定瓶中供着数枝菊花，并两部书，茶奁茶杯而已。床上只吊着青纱帐幔，衾褥也十分朴素。

---

[1] 朱淡文《薛宝钗形象探源》，参见《红楼梦学刊》，1997年第3期。

贾母叹道："这孩子太老实了……"说着，命鸳鸯去取些古董来……薛姨妈也笑说："他在家里也不大弄这些东西的。"贾母摇头道："使不得。虽然他省事，倘或来一个亲戚，看着不像；二则年轻的姑娘们，房里这样素净，也忌讳……有现成的东西，为什么不摆？若很爱素净，少几样倒使得……"说着叫过鸳鸯来，亲吩咐道："你把那石头盆景儿和那架纱桌屏，还有个墨烟冻石鼎，这三样摆在这案上就够了。再把那水墨字画白绫帐子拿来，把这帐子也换了。"（第四十回）

所谓"云步石梯"，即登向高处的石阶，又称"云梯"，是园林建筑中山石布置的一种。"云梯"是以山石掇成的室外楼梯，既可节约使用室内建筑面积，又可成自然山石之

苏州耦园云梯　　　苏州留园一梯云　　　苏州网师园梯云室

景。董豫赣将其归结为"山梯式"，称其"不但聚集了山梯与洞壑等多重意象，还外挂了两条可望而不可互穿的之折山梯……是苏州园林出现最为频繁的标准样式，且因不同位置，每每相异，各得不同的山林意象。"[1] 如今，在苏州拙政园、留园、环秀山庄等园林中，也经常能够见到。

及至进了房屋，又"雪洞一般，一色玩器全无。"只有一床、一案、一瓶，并床上青纱帐、案上两部书、瓶中数枝菊和茶奁、茶杯而已，显得朴素、冷清而且空洞。因作为居室却丝毫没有温馨之感，所以贾母连用"使不得""看着不像""忌讳"等词语表示不满。

薛宝钗出身于皇商之家，是"丰年好大雪，珍珠如土金如铁"的薛家小姐。以其学识、眼界、修养及经济实力，家居装饰断不至如此单调甚至清贫，这些自然是薛宝钗有意为之。通常认为宝钗是封建社会典型的大家闺秀，奉行"女子无才便是德"的标准，遵循"妇德、妇言、妇容、妇功"的规范。于宝钗而言，男子要"修身齐家治国平天下"，切不可"玩物丧志"。自然，她也不能"玩物丧志"。所以，超出实用价值之外的"玩器"，在其房中必然是荡然无存。仅存的装饰器物，也需不事雕琢，简单而质朴，一如"土定瓶"。

---

[1] 董豫赣《山居九式》，参见《新美术》，2013年第8期。

土定瓶是宋代定窑（在今河北曲阳）烧制的一种瓶子，胎体厚重，质地较粗。定窑是"宋瓷五大窑"之一，原为民窑，北宋后期因其瓷质精良、色泽淡雅、纹饰秀美，被选为宫廷用瓷。定窑以产白瓷著称，兼烧黑釉、酱釉和绿釉瓷等其他名贵品种，称为"黑定"、"紫定"和"绿定"。当其久负盛名之际，各地仿制者也层出不穷，如南定、新定、粉定、土定等。据清代赵汝珍《古玩指南》载："其白似粉故名粉定，亦曰白定；质粗而色稍黄者为低，俗呼土定。"又云："粉定之佳者，每小件可值地三千元。土定最贱，数十元即可购得一件。"可见，定窑有粗细两种，细的为"粉定"，粗的为"土定"，前者是富家追逐的珍品，后者是平民把玩的对象。宝钗选择"土定瓶"，或许看中的正是其质朴古拙的特点。所谓真正的富贵，不在表面，而在内心，宝钗大抵如此。

再说贾母觉得屋中布置不妥，认为"不要很离了格儿"，便亲自收拾，也只拿了三样摆设——石头盆景、架纱桌屏和墨烟冻石鼎。盆景是以植物和山石为基本材料，在盆内表现自然景观的艺术品，讲究构图和意境，被誉为"立体的画"和"无声的诗"。此处石头盆景，以小见大，可谓"咫尺山林"，是蘅芜苑中自然山石在室内的延续。桌屏是摆在桌上作为装饰的小屏风，其架子一般用名贵木料（如紫檀）制成。中间为屏心，正面大多采用木雕、石雕、玉雕等镶嵌而成，

苏州留园石头盆景

背面的纱上则绘有图案，摆在案上端庄又大方。冻石又称"蜡石"，是一种可作印章和工艺品的石料。其质地细密滑润，透明如冻。墨烟者，指其颜色黑白相间，浓淡交织，如墨如烟，是石之精品。而鼎，是古时一种常见又神秘的礼器，有三足的圆鼎和四足的方鼎两类。墨烟冻石鼎，即是用墨烟冻石雕刻的鼎形饰品，淡雅而庄重。此三者，既符合蘅芜苑的风格，又契合薛宝钗的身份，果然是"又大方又素净"，贾母真是精于此技者。

回头再看蘅芜苑的格局，是"迎面突出插天的大玲珑山石来，四面群绕各式石块，竟把里面所有房屋悉皆遮住。"显然，是"藏"的手法，恰如宝钗的性格。迎面而来，所有的"外"都是一体，而所有的"里"都被遮住。就像很难知道蘅芜院中究竟有什么一样，也很难知道宝钗心中究竟想什么。然而，这样的格局确实"有趣"，正如黄葆芳所说："全用藤萝异草来作'蘅芜苑'的布置材料，又是别具一格。迎面插天的玲珑大石，把前后分开，很有诗的意境。一片翠绿茂叶，其中仅有一些朱实及金桂般的米状花蕊，香浓色淡，摒弃了艳卉繁花，以杜若蘅芜的香味取胜。"[1] 自有一番清幽淡雅的富贵气象。己卯本有批语云："前三处（笔者注：即沁芳亭、有凤来仪、杏帘在望）皆还在人意之中，此一处则今古书中未见之工程也。"

虽然宝钗是"不干己事不张口，一问摇头三不知"（第五十五回），如同园中的石头。但不要忽略了，这些山石并不普通，而是"玲珑山石"。所谓"玲珑"者，精巧细致又灵巧敏捷。所以，宝钗依然是充满灵性的，依然是天真烂漫的年纪，依然有无邪少女的情态，所以也会扑蝶、也会簪花，也会吟诗、也会作画。

---

[1] 胡文彬、周雷编《海外红学论集》，黄葆芳《大观园的布置》。百花文艺出版社，1982年。

孔子说："仁者乐山，智者乐水。知者动，仁者静；知者乐，仁者寿。"与潇湘馆中多水不同，蘅芜苑中多山。水是蜿蜒、灵动的，恰如黛玉，是"智"者，看透人间世事。山是厚重、端庄的，恰如宝钗，是"仁"者，善待尘世亲朋。不同的是，黛玉之"智"或是先天的，而宝钗之"仁"多是后天的。所以，黛玉先天灵性，无须遮掩；而宝钗后天修行，仍在完善。同样因蘅芜苑多山石，宝钗被称为"山中高士晶莹雪"也双关暗合。

竹与石

这种"建筑性格"与"主人性格"相融合的特性，也是大观园园林艺术的典型特征。它不仅是表面的相似，更是精神的契合。因此，大观园中"园中有院、院中有园"，且每个院落、每处园林，都具有鲜明而典型的个性特征，即使有所交叉，也绝对各不相同。比如，在林黛玉和薛宝钗的性格中，都有"冷"的特点，然而"林黛玉的冷是目下无尘、不入世俗的冷，而薛宝钗的冷则是洞察世事、明哲保身的冷。这反映在她们居住的园林上，林黛玉的潇湘馆是幽竹万竿的荫凉，而薛宝钗的衡芜苑则是雪洞一般的清冷。一个是诗意盎然，一个是孤寂萧杀，园林与人在精神层面上是如此地一致，可以说大观园的园林艺术达到了人园合一的境界。"[1]

还有一个细节，在周瑞家的送宫花时，薛姨妈曾说："宝丫头古怪呢，她从来不爱这些花儿粉儿的。"（第七回）对照蘅芜苑中"一株花木也无"，可知此言不谬。只是，不知宝钗服用由"春天开的白牡丹、夏天开的白荷花、秋天开的白芙蓉、冬天开的白梅花"（第七回）这些花蕊制成的"冷香丸"时，是何等感受？

---

[1] 赵武征著《人园合一，浑然天成——小议〈红楼梦〉大观园的园林艺术》，参见《古建园林技术》，2006 年第 4 期。

最后，回到"蘅芜苑"本身，虽然杜衡、蘼芜常用以象征君子，但也不能忽略"蘼芜"是弃妇的代表。古乐府《上山采蘼芜》中"上山采蘼芜，下山逢故夫"之语和唐代鱼玄机《闺怨》中"蘼芜盈手泣斜晖，闻道邻家夫婿归"之句，都是例证。

而且，"蘅芜苑"又谐音"恨无缘"，宝玉是"空对着，山中高士晶莹雪；终不忘，世外仙姝寂寞林。"想来，宝钗的结局，也不会太好——纵然是齐眉举案，到底意难平。蘅芜苑的瓶中供着菊花，薛宝钗的诗中念着菊花。其《忆菊》诗云：

怅望西风抱闷思，蓼红苇白断肠时。

空篱旧圃秋无迹，瘦月清霜梦有知。

念念心随归雁远，寥寥坐听晚砧痴。

谁怜我为黄花病，慰语重阳会有期。

表面上是对菊花的思念和牵挂，可实际上又是对谁的记挂与怀念呢？有人说，综合来看，这些都暗示着宝钗最终也是"弃妇"的结局。或许吧，就如清代纳兰性德《沁园春·代悼亡》词云："梦冷蘅芜，却望姗姗，是耶非耶？"

蘅芜梦冷，是耶？非耶？

绿玉红香花似锦——

怡红院

怡红院为贾宝玉所居，与潇湘馆最近，离大门也不远，但掩映巧妙。文中道：

忽又见前面又露出一所院落来……说着，一径引人绕着碧桃花，穿过一层竹篱花障编就的月洞门，俄见粉墙环护，绿柳周垂。贾政与众人进去，一入门，两边都是游廊相接。院中点衬几块山石，一边种着数本芭蕉；那一边乃是一颗西府海棠，其势若伞，丝垂翠缕，葩吐丹砂。众人赞道："好花，好花！从来也见过许多海棠，哪里有这样妙的。"贾政道："这叫作'女儿棠'，乃是外国之种……"

一面说话，一面都在廊外抱厦下打就的榻上坐了。贾政因问："想几个什么新鲜字来题此？"一客道："'蕉鹤'二字最妙。"又一个道："'崇光泛彩'方妙。"贾政与众人都道："好个'崇光泛彩'！"……宝玉道："此处蕉棠

清代孙温绘贾政游大观园

两植，其意暗蓄'红''绿'二字在内。若只说蕉，则棠无着落；若只说棠，蕉亦无着落。固有蕉无棠不可，有棠无蕉更不可……依我，题'红香绿玉'四字，方两全其妙。"

　　……说着，又转了两层纱橱锦槅，果得一门出去，院中满架蔷薇、宝相。转过花障，则见清溪前阻……忽见大山阻路。众人都道："迷了路了。"贾珍笑道："随我来。"仍在前导引，众人随他，直由山脚边忽一转，便是平坦宽阔大路，豁然大门前见。众人都道："有趣，有趣，真搜神夺巧之至！"于是大家出来。（第十七回）

　　如果说潇湘馆的特色是"水与竹"，蘅芜苑的特色是"山与草"，那么怡红院的特色便是"院与花"。院外是大片碧桃花林，院墙是竹篱花障，前院是绿柳周垂、玫瑰花丛，院内是一株西府海棠、数本芭蕉，后院则满架蔷薇、宝相，及至月季花、金银藤等花草，不可胜计。所以宝玉号"绛洞花王"，且一生护花、爱花、惜花。

清代袁耀《雪蕉双鹤图》

在诸多花木之中，最重要者，便是院内的"蕉棠两植"。因为芭蕉叶是"绿"的，海棠花是"红"的。所以宝玉题作"红香绿玉"，使蕉有着落、棠有根据，两全其妙。而一客题"蕉鹤"侧重于芭蕉，一客题"崇光泛彩"偏向于海棠，前者或是依据院中的芭蕉、仙鹤而取义于绘画，后者则出自苏轼"东风袅袅泛崇光"的诗句。[1]只是，此二题或有蕉无棠、或有棠无蕉，故宝玉叹道："妙极，只是可惜了。"

而后，元春改题"怡红快绿"，即名曰"怡红院"，又令宝玉赋诗。诗云："深庭长日静，两两出婵娟。绿蜡春犹

---

[1] 绘画中常用蕉、鹤并题，如明代沈周《蕉鹤图》、明代吕纪《蕉鹤霁雪图》和清代沈铨《雪中蕉鹤图》等。

卷，红妆夜未眠。凭栏垂绛袖，倚石护青烟。对立东风里，主人应解怜。"此诗两两相对，工恰自然。先双起双敲，点出芭蕉、海棠，再摹写海棠之情、芭蕉之神，最后双承双落，归到庭院主人。符合宝玉"有蕉无棠不可，有棠无蕉更不可"的论断，可知其并非妄自批驳，泛泛而言。此诗融情于景，借花木写人，暗示着此后怡红院中的生活。有批语赞叹道："此首可谓诗题两称，极工、极切、极流利妩媚。"而观此诗，亦可知宝玉真乃"护花主人"也。

其实，诗中还有一个小插曲。彼时，宝钗因见宝玉诗中有"绿玉春犹卷"之句，趁众人不理论，急忙回身悄推他道："她因不喜'红香绿玉'四字，改了'怡红快绿'；你这会子偏用'绿玉'二字，岂不是有意和她争驰了？……你只把'绿玉'的'玉'字改作'蜡'字就是了。"（第十八回）

为何元春不喜"红香绿玉"四字呢？

因为其中关乎着一个重要的人物——林黛玉。常言道"青山如黛"，"红香绿玉"中的"绿玉"首先便可比拟作"黛玉"之意。其次，"绿玉"不仅是芭蕉的代称，也是竹子的别名，与黛玉潇湘馆中的竹子相应。最后，"红香绿玉"中除却"红、绿"两色，便剩下"香、玉"，而"香玉"恰恰又指代林黛玉，宝玉曾说："我说你们没见世面，只认得这果子是香芋，却不知盐课林老爷的小姐，才是真正的香玉呢。"（第十九回）总之，"红香绿玉"除却表明暗合怡红院中蕉、棠两植外，与林黛玉也有密切关联。

关乎林黛玉，自然就关乎贾宝玉，相应的也关乎薛宝钗。于是，便涉及到《红楼梦》中极为关键的命题——"金玉良缘"与"木石前盟"。种种迹象表明，王夫人更支持宝玉和宝钗"二宝"联姻的"金玉良缘"，而贾母更喜欢宝玉与黛玉"二玉"结合的"木石前盟"。而贾元春虽然是王夫人的女儿，却自小由贾母抚养长大，与二人的感情很是微妙。且元春与宝玉自幼同随贾母，刻未相离，在宝玉未入学堂之先，便手引口传，教授了几本书、数千字在腹内。因此，元春对宝玉怜爱有加，"其名分虽系姊弟，其情状有如母子。"

自然宝玉的婚事是重中之重，要慎之又慎。元春也是千挑万选，劳神费心。一来，她深知母亲喜欢宝钗，而祖母喜欢黛玉，她必须在母亲和祖母之间做好平衡。二来，宝钗与黛玉都出类拔萃，与众不同，"非愚姊妹可同列者"，她也很难在宝钗和黛玉中进行取舍。

在早期的省亲之时，元春对二人的赏赐是一样的——"宝钗、黛玉诸姊妹等，每人新书一部，宝砚一方，新样格式金银锞二对。宝玉亦同此。"（第十八回）只是在后期的端午赐礼中，逐渐显现出差异——袭人道："你（指宝玉）的同宝姑娘的一样。林姑娘同二姑娘、三姑娘、四姑娘只单有扇子同数珠儿，别人都没了。"（第二十八回）可知，此时元春已经开始倾向于更加端庄大方、更加符合礼制的薛宝钗，而有意试探贾母的态度了。

回到"怡红快绿"，此题除了保留芭蕉、海棠的含义之外，还利用使动用法——即使"红"怡然、使"绿"快乐，突出了宝玉是使芭蕉、海棠快乐的主体。显然，"红、绿"除芭蕉、海棠之外仍另有所指，以花喻人，指代宝玉愿意使之快乐的清净女儿。至于具体所指，或许如周汝昌所言："红棠喻湘云，绿蕉喻黛玉"[1]，或许如喻美灵所说："海棠是黛玉的象征，芭蕉是宝钗的象征"[2]，又或许指代所有的女儿。同时，"怡红快绿"也不似"红香绿玉"过于香艳。

进入房内，则：

只见这几间房内收拾的与别处不同，竟分不出间隔来的，原来四面皆是雕空玲珑木板，或流云百蝠、或岁寒三友、或山水人物、或翎毛花卉，或集锦、或博古，或万福万寿，各种花样，皆是名手雕镂，五彩销金嵌宝的。一槅一槅，或有贮书处，或有设鼎处，或安置笔砚处，或供花设瓶、安放盆景处，其槅

[1] 周汝昌《红楼艺术》，人民文学出版社，2016年。
[2] 喻美灵《红是相思绿是愁——从怡红院中的芭蕉和海棠看贾宝玉的婚恋》，参见《湖南科技学院学报》，2008年第7期。

各式各样，或天圆地方，或葵花蕉叶，或连环半璧。真是花团锦簇，别透玲珑。倏尔五色纱糊就，竟系小窗；倏尔彩绫轻覆，竟系幽户。且满墙满壁，皆系随依古董玩器之形抠成的槽子。诸如琴、剑、悬瓶、桌屏之类，虽悬于壁，却都是与壁相平的。众人都赞："好精致想头！难为怎么想来？"

原来贾政等走了进来，未进两层，便都迷了旧路，左瞧也有门可通，右瞧又有窗暂隔，及到了跟前，又被一架书挡住。回头再走，又有窗纱明透，门径可行；及至门前，忽见迎面也进来了一群人，都与自己形相一样，——却是一架玻璃大镜相照。及转过镜去，越发见门子多了。（第十七回）

贾宝玉是"富贵闲人"，唯有其居所极尽富贵气象、闲人情致，与别处不同——竟分不出间隔来。所谓"分不出"间隔，并不是不分间隔，而是指怡红院室内并非通过墙壁划分，而是采用隔断划分，故而"四面皆是雕空玲珑木板"，以至于难以分出具体的间隔与边界。同时，怡红院内的玻璃大镜，也拓展了空间的距离，加深了空间层次，模糊了空间界限。

隔断属于"小木作"，主要起装饰作用，与梁柱这类起结构作用的"大木作"相比，在用材、做工、雕刻、花饰等方面，都有更高的灵活性，也具有更高的艺术性。隔断作为一种空间处理方法，既能起到分割空间的作用，又能起到连接空间的作用，可以使空间在分隔中连续，在连续中分隔。"隔"是分隔，"断"是断裂，"隔断"则是隔而不断——虚实相间、奇正相生，显得巧妙而有趣。

苏州留园花罩

古典建筑中，室内隔断主要有三种类型，隔扇、花罩和博古架。怡红院内的隔断虽然种类繁多，各式各样，却也涵盖在这三种基本类型之中。隔扇，又称"槅扇"，是一扇一扇的木板墙，通常由边框、格心、裙板等构件组成。上部一般做成窗格子，糊纸或装玻璃，下部则多镂雕图案或镶嵌螺钿、玉石、珠宝等作装饰。花罩，是一种附着于柱和梁的空间分隔物，两侧落地称为"落地罩"，两侧不落地称为"飞罩"。其中，落地罩又分为几腿罩、栏杆罩、圆光罩、八角罩等形式，能够增加空间层次，丰富室内装饰。博古架，又称"多宝格"，是一种前后开敞的多层木架，兼具实用价值和装饰价值。其实用价值表现在能够陈放古玩、器皿，而装饰价值来源于分格形式和精巧工艺。

曹雪芹不遗余力的渲染怡红院内的隔断，一来是为了体现贾宝玉居所的奢华富贵，二来也体现了古典建筑装修技艺的成就，再者也体现了作者丰富的想象力与创造力。因此，批语称其："花样周全之极！然必用下文者，正是作者无聊，撰出新异笔墨，使观者眼目一新。所谓集小说之大成，游戏笔墨，雕虫之技，无所不备，可谓善戏者矣。又供诸人同同一戏，洵为妙极。"

总的来说，怡红院中室内空间的处理手法，其核心在于模糊空间的界限——使不同的空间互相穿插、相互融合，没有明显的分割和绝对的界限，从而形成一种连续空间的奇妙体验。在现代建筑语境中，类似于德国建筑大师密斯·凡·德罗（Mies Van der Rohe）在1929年巴塞罗那博览会德国馆的"流动空间"的设计。该馆以建筑自身为展品，占地长约50米，宽约25米，由一个主厅、两间附房、几道围墙和两

德国馆空间示意图

片水池组成。主厅是由顶棚、地板、钢柱构成，其空间设计自由灵活，墙体布置丰富多变，形成半封闭、半开敞，既分隔、又连通，且室内与室外相穿插、内部与外部相交融的空间特征。

这种模糊空间界限、交融空间特质的手法，在古典园林的室外空间中，颇为常见，称之为"借景"。计成在《园冶》中对园林空间意境的营造，提出了两条标准，至今仍被奉为圭臬：一是"虽由人作、宛自天开"，二是"巧于因借、精在体宜。""'因'者：随基势之高下，体形之端正，碍木删桠，泉流石注，互相借资；宜亭斯亭，宜榭斯榭，不妨偏径，顿置婉转，斯谓'精而合宜'者也。'借'者：园虽别内外，得景则无拘远近，晴峦耸秀，绀宇凌空，极目所至，俗则屏之，嘉则收之，不分町疃，尽为烟景，斯所谓'巧而得体'者也。"可知"因借"即因形借势，以成佳景，"因"的是地形，"借"的是视线。

与室内"流动空间"不同的是，室外"借景"的表现手法更灵活，种类也更多。一般分为远借、邻借、仰借、俯借和应时而借。其中，远、邻、仰、俯之借，更多属于"空间关系"——或高或低、或远或近，是一种静态的借景手法。而应时而借更多属于"时间关系"——或晴或雨、或花或叶，是一种动态的借景手法。因此，极目所至，无拘远近也不论高低，凡是美好的景致皆可纳入园中，凡是美妙的想象皆可收入园内。若借景巧妙，则既可赏烟水之悠悠，收云山之耸翠，又能看梵宇之凌空，赏平林之漠漠。

以苏州拙政园为例，其"远借"北寺塔最为著名，站在倚虹亭畔向西望，只见

苏州拙政园借景

近景游鱼依稀，中景亭台俨然，远景塔刹巍峨，景观层次丰富而生动。然而，此塔并非园内之物，却是园外之景。只因视野开阔，虽千米之外却宛在眼前，十分巧妙。至于"应时而借"则更为常见，海棠春坞，种海棠，借春景；远香堂，赏荷花，借夏景；待霜亭，植枫树，借秋景；雪香云蔚亭，栽腊梅，借冬景。四时之景不同，其乐亦无穷。更为巧妙的是"梧竹幽居"，其亭四面均为月洞门，每面对应不同季节的景象，移步换景，一亭之中而四季皆全，且可欣赏洞环洞、洞套洞、洞连洞的奇特景观，堪称妙绝！亭内有一联，云："爽借清风明借月，动观流水静观山"，更是道尽借景之妙。因而计成说："夫借景，林园之最要者也""构园无格，借景有因……因借无由，触情俱是。"

且说贾珍引众人从后门出去，跨过后院，转过花障，则见清溪前阻：

众人咤异："这股水又是从何而来？"贾珍遥指道："原从那闸起流至那洞口，从东北山坳里引到那村庄里，又开一道岔口，引到西南上，共总流到这里，仍旧合在一处，从那墙下出去。"众人听了，都道："神妙之极！"（第十七回）

园林之中，山是骨骼，水是血脉，山与水共同构成了园林的格局和情趣。对《红楼梦》而言，园林中的"水"更为重要，因为它是清净女儿的象征。所以，大观园中的水系虽不复杂，却很讲究，先从会芳园北墙角引来一股活水，然后通过闸口流至洞口，再从东北流到稻香村，又分一岔口引入西南的潇湘馆，最后总流到怡红院外，仍旧合在一起，从墙下出去。关于其水系布置，批语中曾多次论及，如"写出水源，要紧之极！……此园大概一描，处处未尝离水。"又如"究竟只一脉，赖人力引导之功，园不易造，景非泛写。"再如"于怡红院总一园之水，是书中大立意。"

需要注意的是，与颐和园、拙政园等园林以大水面为中心构图不同，大观园中似乎没有中心大水面的布置，有的只是"清溪、清流、河、池、泉、沟"等曲折萦回的小水面。其实园林理水，从来都不是以大见长，而是讲究"意境"，

苏州网师园园林水景　　　　　　　　苏州留园园林水景

贵在曲折，妙在分隔。清代恽寿平《南田画跋》中说："意贵乎远，不静不远也。境贵乎深，不曲不深也。"园林之水，曲则因岸、隔则因堤，形曲故意深，水隔故境远。大观园虽缺乏大水面的烟波浩淼，却境界深远，它以"沁芳溪"贯穿全园，富含小水面的曲折幽深。周汝昌说："大观园全部的主脉与灵魂是一条婉若游龙的'沁芳溪'，亭、桥、泉、闸，皆以此二字为名，可为明证。一切景观，依溪为境。"又云："大观园的一切池、台、馆、泉、石、林、塘皆以沁芳溪为大脉络而盘旋布置。"可谓真知灼见。

以上关于怡红院的描写，主要集中在贾政游园时所见。后来，怡红院的格局又通过贾芸之拜访和刘姥姥之醉卧得以强化：

这里贾芸随着坠儿，逶迤来至怡红院中……只见院内略略的有几点山石，种着芭蕉，那边有两只仙鹤在松树下剔翎。一溜回廊上吊着各色笼子，各色仙禽异鸟。上面小小五间抱厦，一色雕镂新鲜花样隔扇，上面悬着一个匾额，四个大字题道是"怡红快绿"……连忙进入房内，抬头一看，只见金碧辉煌，文章烂灼，却看不见宝玉在那里。一回头，只见左边立着一架大穿衣镜……又进一道碧纱厨，只见一张小小填漆床上，悬着大红销金撒花帐子。宝玉穿着家常衣服，靸着鞋，倚在床上拿着本书看……（第二十六回）

……只得认着一条石子路慢慢的走来。及至到了房舍跟前，又找不着门，再找了半日，忽见一带竹篱……顺着花障走了来，得了一个月洞门进去。只见迎面忽有一带水池，只有七八尺宽，石头砌岸，上面有一块白石横架在上面。……转了两个弯子，只见有一房门。于是进了房门，只见迎面一个女孩儿，满面含笑迎了出来。……细瞧了一瞧，原来是一幅画儿。……一转身方得了一个小门，门上挂着葱绿撒花软帘。刘姥姥掀帘进去，抬头一看，只见四面墙壁玲珑剔透，琴剑瓶炉皆贴在墙上，锦笼纱罩，金彩珠光，连地下踩的砖，皆是碧绿凿花……左一架书，右一架屏。刚从屏后得了一门转去……四面雕空紫檀板壁，将镜子嵌在中间……忽见有一副最精致的床帐……袭人度其道路："……顺着这一条路往我们后院子里去了。若进了花障子到后房门进去……若不进花障子再往西南上去，若绕出去还好，若绕不出去，可够他绕会子好的……"（第四十一回）

这两次关于怡红院的描写中，更加突出怡红院的室外景致和室内装饰。外侧有竹篱花障，花障上有月洞门；有水池，水池上架有白石板桥。院内除了芭蕉、海棠，还有山石、松树、仙鹤等。一溜回廊上吊着各色笼子，各色仙禽异鸟。后房门是一幅画，挂着葱绿撒花软帘。进入屋内，金碧辉煌，文章烂灼，锦笼纱罩，金彩珠光。只见四面墙壁玲珑剔透，琴、剑、瓶、炉皆贴在墙上，当中是紫檀板壁嵌着穿衣镜。又有一道碧纱橱，一张小小填漆床上，悬着大红销金撒花帐子。此外，还有厢房、暖阁、木炕、屏风以及金西洋自行船等，也难备述。

周汝昌说："一部《红楼》，一个大圈里套着小圈：最外层是京城……京城圈内套着一个区，区内有条宁荣街，街内有座荣国府（毗连着宁国府）。此府的圈内，套着一个大花园，题名'大观'。大观园内，又套着一处轩馆，通称'怡红院'。这个院，方是雪芹设置的全部'机体'的核心。"[1]《红楼梦》的核心在怡红院，而怡红院的核心在贾宝玉。那么，贾宝玉自然是《红楼梦》的核心。又因为贾宝玉是富贵公子，所以怡红院要充满富贵气象。而且怡红院作为"核心"，自然要重重渲染、层层铺垫，以凸显其不同。

总而言之，怡红院花团锦簇、剔透玲珑，极尽奢华新巧之能事，最是"花柳繁华地，温柔富贵乡"。想得到和想不到的珍奇异宝，无论是西洋的机括，还得东方的匠心，都能在此窥其一斑。因此，也充满了香艳绮靡之风、骄奢淫逸之气，颇有玩物丧志之感。

只是唯有如此，才能够"好"到极致，才明白"了"的彻悟。所谓"世上万般，好便是了，了便是好。若不了，便不好；若要好，须是了。"（第一回）对宝玉而言，当其"居绮罗锦绣，享安富尊荣"的繁华之时，又怎会想到有"寒冬噎酸虀，雪夜围破毡"的落魄之日？前者繁华之极，后者落魄之至，只有两者对比，方见"好了"的本意，方知此书的本旨。然而，此时的宝玉早已看破红尘、悬崖撒手，宁不悲乎！

---

[1] 周汝昌《红楼艺术》，参见《怡红院的境界》一文。人民文学出版社，2016年。

竹篱茅舍杏花繁 ——

稻香村

稻香村或许是大观园中最朴素的地方，文中道：

一面走，一面说，倏尔青山斜阻。转过山怀中，隐隐露出一带黄泥筑就矮墙，墙头上皆用稻茎掩护。有几百株杏花，如喷火蒸霞一般。里面数楹茅屋。外面却是桑、榆、槿、柘，各色树稚新条，随其曲折，编就两溜青篱。篱外山坡之下，有一土井，旁有桔槔辘轳之属。下面分畦列亩，佳蔬菜花，漫然无际。贾政笑道："倒是此处有些道理。固然系人力穿凿，此时一见，未免勾引起我归农之意。我们且进去歇息歇息。"说毕，方欲进篱门去，忽见路旁有一石碣，亦为留题之备。众人笑道："更妙，更妙！此处若悬匾待题，则田舍家风一洗尽矣。立此一碣，又觉生色许多，非范石湖田家之咏不足以尽其妙。"……贾政听了，笑向贾珍道："正亏提醒了我。此处都妙极，只是还少一个酒幌，明日竟作一个，不必华丽，

清代孙温绘稻香村

就依外面村庄的式样作来，用竹竿挑在树梢。"贾珍答应了，又回道："此处竟还不可养别的雀鸟，只是买些鹅鸭鸡类，才都相称了。"贾政与众人都道："更妙。"……说着，引众人步入茆堂，里面纸窗木榻，富贵气象一洗皆尽，贾政心中自是喜欢。（第十七回）

此处为山庄，茅堂之中，纸窗木榻，一洗富贵气象——围墙由最原始的黄泥筑成，墙头也只用稻茎掩护，青篱更是随地形之曲折，由各色树稚新条编就。篱笆外有土井，井上有桔槔、辘轳，下面分畦列亩，佳蔬菜花。周边是桑、榆、槿、柘等树，仅有的数间房舍，皆是茅屋。唯一让人惊奇的，是"如喷火蒸霞一般"的几百株杏花。因此，贾政笑称："未免勾引起我归农之意。"并提议做一个酒幌，用竹竿挑在树梢，再于院内养些鸡、鸭、鹅之类的家禽，以增添郊野气色。

路旁有一石碣，正合山野气质，贾政请题，众人道："莫若直书'杏花村'妙极。"取自唐代杜牧《清明》诗："借问酒家何处有，牧童遥指杏花村。"然而，宝玉却以为俗陋不堪，也不等贾政的命，便说道："旧诗有云：'红杏梢头挂酒旗'。如今莫若'杏帘在望'四字。……又有古人诗云：'柴门临水稻花香'，何不就用'稻香村'的妙？"众人听了，哄声拍手叫妙！"红杏梢头挂酒旗"出自明代唐寅《题杏林春燕》诗，而"柴门临水稻花香"出自唐代许浑《晚自朝台津至韦隐居郊园》诗。

杏，常与桃、李、梅等并称，其花曰"杏花"，色白带红，有香味；其果曰"杏子"，味淡甘而微酸；其仁曰"杏仁"，甜杏仁可炒食，苦杏仁可入药。杏树是我国著名的观赏树木，也是文学中的常用意象，具有悠久的历史和丰富的内涵。

据《群芳谱》载："（杏花）二月开，未开色纯红，开时色白微带红，至落则纯白矣。"一花而有三色，极具观赏价值。且随着杏花颜色的改变，文化内涵也不断变化——从初开时的"红杏枝头春意闹"，到盛开时的"粉薄红轻掩敛羞，花中占断得风流"，再到将谢时的"残芳烂漫看更好，皓若

南宋马远 《倚云仙杏图》

春雪团枝繁"，不一而足。又因古时"花中三十客"中称杏花为"艳客"，诗云"春色满园关不住，一枝红杏出墙来"，故通常取其春意盎然、春光无限之意。稻香村"喷火蒸霞"的杏花，即是突显热闹、繁盛的氛围。此外，诗中常赞杏花娇美，以喻美人，所以《红楼梦》中有丫环名"娇杏"。

随着文学的发展，"杏花村"也成了田园风光的典型意象，成为有酒的小村庄的代称。与"桃花源、梅花村"等意象不同的是，杏花村具有更为纯粹的乡土象征意味。"桃花源代表的是一种杳然出世、神仙逍遥的境界，梅花村象征的是闲居幽栖、孤洁高雅的隐士生活，而杏花村给人的感觉则是最为普遍的乡野田园、土俗村庄。"[1]

---

[1] 程杰《论中国文学中的杏花意象》，参见《江海学刊》，2009 年第 1 期。

不过，"'杏花村'固佳，只是犯了正名"，因杜牧《清明》诗，而多了"断魂"的幽深情结。在"元妃省亲"的盛事中似有不恰之意，故宝玉改题"杏帘在望"于石碣，并以"稻香村"挂酒旗。后来元春题为"浣葛山庄"，又因《杏帘在望》一诗为"前三首之冠"，复改为"稻香村"。文笔变幻，难以捉摸。脂批赞其"如此幻笔幻体，文章之格式至矣尽矣！"

《杏帘在望》为黛玉替宝玉所作，其诗云："杏帘招客饮，在望有山庄。菱荇鹅儿水，桑榆燕子梁。一畦春韭绿，十里稻花香。盛世无饥馁，何须耕织忙。"首联拆题而分咏，浑然天成。中间对仗工整，描写山庄的景色和丰收的景象。颔联仿"鸡声茅店月，人迹板桥霜"笔意，颈联有"三秋桂子，十里荷花"气象。至尾联，则"以幻入幻，顺水推舟"，归于盛世太平。全诗笔笔浅近，又处处精巧，自然纤巧而不生硬，粉饰太平而不牵强，十分符合"应制诗"的要求，自然也深受元妃的喜爱。因此据诗中"十里稻花香"之句，复改为"稻香村"。

总观"稻香村"的环境，虽处于山怀中，但其田庄却与周围并不和谐，甚至有些格格不入。宝玉称其："远无邻村，近不负郭，背山山无脉，临水水无源，高无隐寺之塔，下无

跟曹雪芹学园林建筑

通市之桥，峭然孤出，似非大观。"（第十七回）中国园林历来追求"天人合一"的境界，讲究人与自然的和谐统一。而所谓"天然"者，强调天之自然而有，非人力之所成，不可非其地而强为其地，非其山而强为其山。既然如此，曹公为何"知其不可而为之"呢？

或许，脂砚斋的批语可以稍做解答——在贾政说："倒是此处有些道理。固然系人力穿凿，此时一见，未免勾引起我归农之意"之处，有批云："极热中偏以冷笔点之，所以为妙。"书中每每于热闹处，总要泼些冷水，昭示着"盛极必衰"的道理，也预示着贾府"树倒猢狲散"的结局。

自然，没有富丽景致而只有清幽气象的稻香村，只能博得青春丧偶的李纨的欣赏，而不会得到风华正茂的少女的青睐。也只有唯知侍亲养子、针黹诵读而已的李纨，能够"竹篱茅舍自甘心"，偏安一隅，小隐于野。

只是，不知"如槁木死灰一般"的李纨，看到"如喷火蒸霞一般"的杏花，是否还会怦然心动？也许，李纨眼中的杏花，不是生机盎然，而是寂寞空庭。恰如元好问词云："一生心事杏花诗。小桥春寂寞，风雨鬓成丝。"于李纨而言，竹篱茅舍、杏花微雨的稻香村，只是"一树杏花春寂寞"罢了。

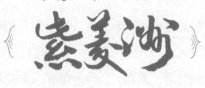

紫菱如锦入水流 ——

紫菱洲

紫菱洲是贾迎春的住处，最先出自虚笔。

在元妃省亲赐名时，文中写道：

更有"蓼风轩"、"藕香榭"、"紫菱洲"、"荇叶渚"等名。（第十八回）

在海棠诗社取号时，文中写道：

宝钗道："他住的是紫菱洲，就叫他'菱洲'；四丫头在藕香榭，就叫他'藕榭'就完了。"（第三十七回）

迎春住在紫菱洲中，且离蓼汀一带不远。而在分配大观园住所的时候，文中云："贾迎春住了缀锦楼。"（第二十三回）可见，缀锦楼在紫菱洲内。分析可知，"紫菱洲"应是景点名，而"缀锦楼"则是院落名。

洲，指水中的陆地，一般由沙石、泥土淤积而成。《尔雅·释水》："水中可居者曰洲。"因此，"紫菱洲"即长满菱花的水中陆地。菱，一年生水生草本植物。水上叶棱形，花白色。果实有硬壳，两角或四角，俗称"菱角"。生食则清热解暑，熟食可益气健脾，也用于制作淀粉。

菱作为观赏植物，文学中常有吟诵，多称"紫菱"。如江淹有诗曰："紫菱亦可采，试以缓愁年"，孟郊有诗曰："池中春蒲叶如带，紫菱成角莲子大"。同样，作为观赏植物，菱在园林中也多有植栽。如白居易晚年告病洛阳，在履道里造屋、建园，园中便广植菱花，有诗为证："灵鹤怪石，紫菱白莲。皆吾所好，尽在吾前。"

清代费丹旭《采菱图》

关于紫菱洲的环境，在迎春搬出大观园之后，有过些许介绍：

　　宝玉……越发扫去了兴头，每日痴痴呆呆的，不知作何消遣……因此天天到紫菱洲一带地方徘徊瞻顾，见其轩窗寂窔，屏帐翛然，不过有几个该班上夜的老姬。再看那岸上的蓼花苇叶，池内的翠荇香菱，也都觉摇摇落落，似有追忆故人之态，迥非素常逞妍斗色之可比。（第七十九回）

紫菱洲的岸边有蓼花、苇叶，池内有翠荇、香菱。蓼、芦苇、荇菜、菱都是水生植物。在开花的时候，红色的蓼花、紫色的芦花、黄色的荇花、白色的菱花，逞妍斗色，倘若微风拂过，再摇曳起舞，更是美不胜收。只可惜，如今主人不在，便都显得摇摇落落，似有追忆故人之态。宝玉见此寥落凄惨之景，无限感伤、情不自禁，乃信口吟成一歌曰：

池塘一夜秋风冷，吹散芰荷红玉影。

蓼花菱叶不胜愁，重露繁霜压纤梗。

不闻永昼敲棋声，燕泥点点污棋枰。

古人惜别怜朋友，况我今当手足情！

前四句写景，萧瑟的秋风，把菱花与荷花都吹散了，重重的露水压在纤细的枝梗上，红蓼与紫菱都已经难以承受，渲染出寥落、凄凉、荒芜的场景。颈联写人，自二姐姐走后，便看不见下棋之人，也听不见棋子敲落的声音，只有点点燕泥弄脏了棋盘，却再也没有"闲敲棋子落灯花"的心情。最后写情，朋友之间分别的时候尚且依依不舍，更何况我们是手足之情！

由景入情，凸显了宝玉的感伤与落寞。有批语云："先为'对景悼颦儿'作引。"可知，日后潇湘馆内也是无限落寞，只是"悲凉之雾，遍被华林，然呼吸而领会者，独宝玉而已。"

值得注意的是，"缀锦楼"与"缀锦阁"虽然同一名称，却并非同一建筑。"缀锦楼"是贾迎春的住处，而"缀锦阁"是大观楼东侧的飞楼。所谓"缀"，是连接、装饰；而"锦"，是有彩色花纹的丝织品，比喻鲜明美丽，"缀锦"者，颇有锦上添花之意。其用于大观楼中与"含芳"相对，歌颂"元妃省亲"十分贴切，而用作"金闺花柳质，一载赴黄粱"的贾迎春住处，似乎稍显不当。

而且，书中关于"缀锦楼"的描述几乎没有，反倒关于"缀锦阁"的描述不少：

> 李纨侵晨先起，看着老婆子丫头们扫那些落叶，并擦抹桌椅，预备茶酒器皿……李氏站在大观楼下往上看，令人上去开了缀锦阁，一张一张往下抬。小厮、老婆子、丫头一齐动手，抬了二十多张下来……登梯上去进里面，只见乌压压的堆着些围屏、桌椅、大小花灯之类，虽不大认得，只见五彩炫耀，各有奇妙。

> ……贾母道："就铺排在藕香榭的水亭子上，借着水音更好听。回来咱们就在缀锦阁底下吃酒，又宽阔，又听的

近。"……说着，坐了一回方出来，一径来至缀锦阁下。文官等上来请过安，因问"演习何曲"。贾母道："只拣你们生的演习几套罢。"（第四十回）

因今岁八月初三日乃贾母八旬之庆，又因亲友全来，恐筵宴排设不开，便早同贾赦及贾珍贾琏等商议……大观园中收拾出缀锦阁并嘉荫堂等几处大地方来作退居。（第七十一回）

由此可见，缀锦阁至少有两层。底层架空，具有较大的空间，可以用来设宴，二楼则是放置围屏、桌椅、花灯等器物的储物间。所谓"阁"，本指搁置食物等的橱柜。《礼记·内则》："大夫七十而有阁。"郑玄注："阁，以板为指，庋食物也。"而后，泛指类似楼房的建筑物，多为两层，四面开窗，供远眺、游憩、藏书和供佛之用。可知，作为储物的地方，称为"缀锦阁"是十分贴切且合适的。

清代吴淑娟 《滕王阁图》

　　自然，也可以反证"缀锦阁"与"缀锦楼"并非同一个地方。一来，在省亲别墅内的缀锦阁，不太可能作日常生活之用。二来，祖母在孙女房中大摆生日宴席，也不符合情理。三来，作为小姐的闺房，也不可能在楼上堆放杂物。

　　至于为什么会重名，恐怕也很难说清。虽然迎春是"二木头"，存在感不强，却也不至于随便用一个重复的名字。而且，大观园的题名贾政、宝玉、元春都颇为看重。当日贾政游园，虽未题完，后来亦曾补拟。黛玉也说："因那年试宝玉，因他拟了几处，也有存的，也有删改的，也有尚未拟的。这是后来我们大家把这没有名色的也都拟出来了，注了出处，写了这房屋的坐落，一并带进去与大姐姐瞧了……所以凡我拟的，一字不改都用了。"（第七十九回）

　　因此，作为《红楼梦》中唯一重名的建筑，有可能是姐妹之间所拟相同的小小"巧合"，也有可能是作者尚未修改完毕的小小"纰漏"，毕竟"书未成，芹为泪尽而逝"。总之，答案早已消逝在风中。

　　不过，倒不妨猜测一下，若是姊妹所拟，会是出自谁的手笔呢？其实所谓"我们大家把这没有名色的也都拟出来了"，恐怕真正参与的也仅宝钗、黛玉、探春三人而已。从风格来看，宝钗浑厚，黛玉灵巧，探春爽朗，"缀锦"之名或为宝钗所拟。若如此，倒也可以解释为何元妃看重宝钗，

清代改琦绘贾迎春

　　毕竟她们是"一路人"，声气口吻类似，故而题名相似。

　　其实，不论是"紫菱洲"，还是"缀锦楼"，都是轻描淡写的略过。就像贾迎春在《红楼梦》中也是轻描淡写的路过一样，虽然她"温柔沉默，观之可亲"，却也胆怯懦弱，"戳一针也不知嗳哟一声。"所以，才会不问攒珠累金凤，只读《太上感应篇》。

　　贾迎春幻想着与世无争，却总被命运捉弄。她不能自主，同时也放弃自主，虽哀其不幸，也怒其不争。

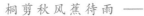

"秋爽斋"同样最先出自虚笔：

> 又有四字的匾额十数个，诸如"梨花春雨"、"桐剪秋风"、"荻芦夜雪"等名，此时悉难全记。（第十八回）

脂批所谓："故意留下秋爽斋、凸碧山堂、凹晶溪馆、暖香坞等处，为后文另换眼目之地步。"及至元妃游幸毕，因在宫中自编大观园题咏，忽想起大观园中景致，为不使"佳人落魄，花柳无颜"，遂下令让宝玉同姊妹进园居住。分派收拾之时，方明言"探春住了秋爽斋"。（第二十三回）

斋，本指斋戒、庄敬，指屋舍时，常用于书房、学舍。如此说来，也暗合探春的身份。因贾府"四春"的丫环，分别以"琴棋书画"为名，曰：抱琴，司棋，侍书，入画。[1]

---

[1] 侍书，一作"待书"，历来颇有争议，今取"侍书"。

而丫环之名是其主人趣味的反映，可知探春得"书"字。故
而，其居所曰"斋"。

《说文》云："爽，明也。"明朗、清亮之意。"秋爽"
者，即秋日凉爽之气也。苏州虎丘山顶之上有一楼阁，平台
旷朗，高适明畅，名为"致爽阁"。元代顾瑛《虎丘十咏·致
爽阁》诗云："开襟致秋爽，心与白云闲。"登楼则襟披秋风，
心胸为之一爽，颇合"秋爽斋"之意。因此，秋爽斋是属于
秋天的，其匾额"桐剪秋风"也是此意。

梧桐，落叶乔木，叶子掌状，是我国著名的观赏树种，
有"青桐、碧梧"之称。花黄绿色，雌雄同株淡而小；种子
可以吃，也可榨油或入药；木质轻而坚韧，可做乐器及各种
器具。古时认为梧桐是凤凰栖止之木，故有"栽桐引凤"之
说。《诗经·大雅·卷阿》云："凤凰鸣矣，于彼高冈。梧
桐生矣，于彼朝阳。"梧桐落叶最早，据《广群芳谱》记载：
"立秋之日，如某时立秋，至期一叶先坠，故云：梧桐一叶落，
天下尽知秋。"以"梧桐一叶落"表示秋天来临，也用以比

明代谢时臣《虎丘图卷》致爽阁

喻事物衰落的征兆。秋爽斋宜秋，故而栽植梧桐最为恰当，而且"桐剪秋风"亦非泛拟。

在园林中栽植梧桐，古已有之。据记载，早在春秋时期，吴王夫差建"梧桐园"，园中多植梧桐树。及至明清之际，园中梧桐已经相当普遍，且有富有情趣。明代陈继儒《小窗幽记》中"凡静室，前栽碧梧，后栽翠竹。前檐放步，北用

苏州拙政园梧竹幽居

暗窗，春冬闭之，以避风雨，夏秋可以开通凉爽。然碧梧之趣：春冬落叶，以舒负暄融和之乐；夏秋交荫，以蔽炎烁蒸烈之威"的记载便可见一斑。苏州拙政园中的"梧竹幽居"亦是例证。

在"秋爽斋偶结海棠社"时，众人取诗号以作雅称，探春欲指斋为号，称"秋爽居士"。宝玉以为不恰，且稍显累赘，便说："这里梧桐芭蕉尽有，或指梧桐芭蕉起个倒好。"（第三十七回）秋爽斋不仅有梧桐，还有芭蕉。于是探春笑道："有了，我最喜芭蕉，就称'蕉下客'罢。"众人都道别致有趣。

芭蕉，多年生草本植物，叶子大而宽，是我国著名的观赏植物。同时，芭蕉也是诗词中的常见意象，多与孤独凄凉和离愁别绪相联系。比如，"芭蕉不展丁香结，同向春风各自愁"和"秋风多，雨相和，帘外芭蕉三两窠"。而在两宋时期，当其与"雨"结合，形成"雨打芭蕉"的意象之后，更是丰富和完善了"愁"的内涵——北宋时期，"深院锁黄昏，阵阵芭蕉雨"是欧阳修的愁，"闲愁几许，梦逐芭蕉雨"则是葛胜冲的愁。南宋时期，"纵芭蕉、不雨也飕飕"是吴文英的愁，"芭蕉滴滴窗前雨，望断江南路"则是洪适的愁。而园林也多有种植芭蕉的实例，如拙政园中的"听雨轩"便是一泓清水，数点芭蕉。

与芭蕉类似，梧桐作为诗词中的常见意象，也多与孤独忧愁和离愁别绪相联系。比如"寂寞梧桐深院锁清秋"和"梧桐更兼细雨，到黄昏、点点滴滴。"梧桐与芭蕉，都有听雨的意境，也都是离愁别绪的代称。诗词中也常连用芭蕉和梧桐，用以强化离愁。比如元代徐再思《水仙子·雨夜》曲："一声梧叶一声秋，一点芭蕉一点愁，三更归梦三更后。"

关于秋爽斋的环境及建筑，所知不多，除了其中栽植梧桐和芭蕉外，还有一处大的馆舍——晓翠堂。文中道："凤姐听说，便回身同了探春、李纨、鸳鸯、琥珀带着端饭的人等，抄着近路到了秋爽斋，就在晓翠堂上调开桌案。"（第四十回）晓翠堂自然比不上贾府中荣禧堂、荣庆堂的气度，不过想来也是开敞宽阔之地，因此贾母在这里设宴。

清代孙温绘王熙凤摆饭秋爽斋

园林中的厅堂，一般多是较大且重要的建筑，比如拙政园中的远香堂，便是中部的主体建筑。《园冶》说："凡园圃立基，定厅堂为主。先乎取景，妙在朝南。"又说："堂者，当也。谓当正向阳之屋，以取堂堂高显之义。斋较堂，惟气藏而致敛，有使人肃然斋敬之义。盖藏修密处之地，故式不宜敞显。"因此，"堂"是外向的，是显露的；而"斋"是内向的，是隐藏的。而"秋爽斋"与"晓翠堂"同处一个院落，自然有互补之意。或者称之为"两面性"，就像贾探春"进可攻、退可守"一样——既有英雄气，也有女儿情。

苏州拙政园远香堂内景

再有，便是秋爽斋的室内描写：

> 探春素喜阔朗，这三间屋子并不曾隔断。当地放着一张花梨大理石大案，案上磊着各种名人法帖，并数十方宝砚，各色笔筒、笔海内插的笔如树林一般。那一边设着斗大的一个汝窑花囊，插着满满的一囊水晶球儿的白菊。西墙上当中挂着一大幅米襄阳《烟雨图》，左右挂着一副对联，乃是颜鲁公墨迹，其词云："烟霞闲骨格，泉石野生涯"。案上设着大鼎。左边紫檀架上放着一个大观窑的大盘，盘内盛着数十个娇黄玲珑大佛手。右边洋漆架上悬着一个白玉比目磬，旁边挂着小锤。（第四十回）

通篇下来，如果用一个字形容，便是"大"——大案上设着大鼎，大盘内盛着大佛手，大花囊中插着大菊花，而且挂着大画，写着大字。同时，房间也不曾隔断。与怡红院的精雕细琢不同，秋爽斋是阔朗宽大的。也许，宝玉内心是小公主，探春心中才是大丈夫吧。实际上也的确如此，宝二爷只愿意在内帷厮混，三丫头却愿意干一番事业。

除了"大"之外，还有一个特点便是"多"——法帖好多种，宝砚数十方，各色笔筒、笔海内插的笔也如树林一般。白菊本就多瓣，还要插的满满的；佛手本就分指，仍要盛着几十个。而米芾的"米点山水"更是密密麻麻全是点，颜真卿的"颜体楷书"则是浓浓烈烈全是墨。一切都是外向的、密集的、震慑的，这本应有很强的压迫感，却由于房间的开阔而不嫌局促，反倒觉得气魄宏大、境界全出。

同时秋爽斋中累着的各式法帖、砚台、毛笔等文房，也进一步说明探春是善"书"的。而颜鲁公的书法和米襄阳的绘画，无疑提升了秋爽斋的空间品质，且一个肥厚粗拙、筋健洒脱，一个水墨淋漓、烟雨朦胧，似乎也反映了探春的"两面性"——既有成大事的豪迈，也有拘小节的细腻。

秋爽斋具有"两面性"，贾探春也有"两面性"，而最适宜贾探春和秋爽斋的秋天，同样有"两面性"——既是肃杀的，也是爽朗的。虽然古人多有"伤春悲秋"之叹，但自刘禹锡"晴空一鹤排云上，便引诗情到碧霄"以来，又平添了几分奋发进取的豪情和豁达乐观的情怀。因此黛玉眼中"秋花惨淡、秋雨凄凉"的秋天，在素喜阔朗、生性豪爽的探春看来，却是"天高云淡、金风送爽"的秋天。不过，"两面性"自然也是"一体化"的，于探春而言，大概"爽朗"是其愿望，而"肃杀"是其结局吧。

最后，还是说回秋爽斋的代表——芭蕉与梧桐。

先看芭蕉。大观园中有多处种植芭蕉的院落，除秋爽斋外，还有潇湘馆和怡红院。只是，同样的芭蕉，在不同的环境里，在不同的人心里，寄托着不同的情感。潇湘馆中的芭蕉，是黛玉"雨打芭蕉"的凄凉；怡红院中的芭蕉，是宝玉"未展芭蕉"的爱怜；而秋爽斋中的芭蕉，是探春"蕉叶题诗"的风雅。黛玉曾以"蕉叶覆鹿"之典打趣探春，似乎也预示着她"人为刀俎、我为鱼肉"的命运。

再看梧桐。古人云"栽桐引凤"，秋爽斋的梧桐似乎真的引来了"凤凰"——怡红夜宴时，探春掣得"日边红杏倚云栽"的花签，注云："得此签者，必得贵婿，大家恭贺一杯，共同饮一杯。"众人笑道："我们家已有了个王妃，难道你也是王妃不成。大喜，大喜。"（第六十三回）探春虽然不悦，却也无可奈何。最后一语成谶，走上了和亲的道路。只是，成为了"凤凰"，却离开了故乡；成就了"事业"，却远离了亲人。

总而言之，关于秋爽斋，关于贾探春，最好的注解还是其判词：

虽然"才自精明志自高"，
但是"生于末世运偏消"。
只能"清明涕送江边望"，
从此"千里东风一梦遥"。

红蓼花繁心意冷——

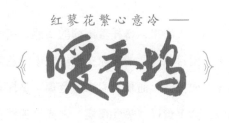

暖香坞

暖香坞是贾惜春的居所。要了解"暖香坞",先要知道"蓼风轩"。且看书中道:

> 正楼曰"大观楼",东面飞楼曰"缀锦阁",西面斜楼曰"含芳阁";更有"蓼风轩"、"藕香榭"、"紫菱洲"、"荇叶渚"等名。(第十八回)

而后,又云:"惜春住了蓼风轩"。(第二十三回)

大观园中的景点,大多因势、因景而名,这是景名契合景致的基础。在这些景点之中,有很大一部分是依据植物命名,而这恰是历来园林景致的题名传统。如大观园中,潇湘馆以湘竹为题,蘅芜苑以香草为名。在拙政园中,枇杷园以枇杷为主,玉兰堂以玉兰为尊。

显而易见,"蓼风轩"之名是以"蓼"为主体。而"蓼"也常在文学作品中出现,如《诗经·周颂·良耜》即有"荼蓼朽止，黍稷茂止"之句，《毛传》云："蓼，水草。"可见蓼是一种水草的名字。

准确而言，"蓼"是蓼科中部分植物的泛称，为一年生或多年生草本植物，有水蓼、红蓼、刺蓼等。其花小，白色或浅红色，多生长在水边或水中。不过，古诗词中的"蓼"通常指红蓼。如杜牧有"犹念悲秋更分赐，夹溪红蓼映风蒲"的诗句，秦观有"红蓼花繁，黄芦叶乱，夜深玉露初零"的词句。大观园中或许也是红蓼。

清代恽寿平《蓼汀鱼藻图》

值得注意的是，大观园中除"蓼风轩"之外，还有一处景点因"蓼"得名，而且关系更为密切，即"蓼汀花溆"。在贾政游园时，见此处"水声潺潺，泻出石洞，上则萝薜倒垂，下则落花浮荡"（第十七回），宝玉便题作"蓼汀花溆"。只是在元妃省亲时，将其改为"花溆"。文中道：

> 且说贾妃在轿内看此园内外如此豪华，因默默叹息奢华过费。忽又见执拂太监跪请登舟。贾妃乃下舆……已而入一石港，港上一面匾灯，明现着"蓼汀花溆"四字……笑道："'花溆'二字便妥，何必'蓼汀'？"侍座太监听了，忙下小舟登岸，飞传与贾政。贾政听了，即忙移换。（第十八回）

蓼汀即长着蓼草的小洲。北宋陆游《岁暮书怀》诗云："蓼汀夜宿梦魂爽，梅坞暮归襟袖香。"而花溆，即开着野花的水边。北宋李弥逊《宝鼎现》词云："转秀谷、枕萍花汀溆。"因"蓼汀"与"花溆"意境相似，略有重复之嫌，且前者稍显萧索，故元春改之。

因为红蓼在初秋时节开淡红色小花，所以又以"蓼风"指秋风。而轩，本意是一种前顶较高而有帷幕的车子，供大夫以上乘坐。后又指屋檐、房屋，多是以敞朗为特点的建筑物。《园冶》说："轩式类车，取轩轩欲举之意，宜置高敞，以助胜则称。"又云："轩楹高爽，窗户虚邻；纳千顷之汪洋，收四时之烂漫。"由此可见，蓼风轩应当是建在高处，有窗的长廊或小屋，可以在秋天欣赏水中摇曳多姿的红蓼。

后文中因香菱学诗入迷，李纨便同黛玉拉她往四姑娘房里去，"引他瞧瞧画儿，叫他醒一醒才好。说着，真个出来拉了他过藕香榭，至暖香坞中。"（第四十八回）可见，惜春的住处又叫"暖香坞"。另外又有"暖香坞雅制春灯谜"一回：

说着，仍坐了竹轿，大家围随，过了藕香榭，穿入一条夹道，东西两边皆有过街门，门楼上里外皆嵌着石头匾，如今进的是西门，向外的匾上凿着"穿云"二字，向里的凿着"度月"两字。来至当中，进了向南的正门，贾母下了轿，惜春已接了出来。从里边游廊过去，便是惜春卧房，门斗上有"暖香坞"三个字。早有几个人打起猩红毡帘，已觉温香拂脸……说笑出了夹道东门，一看四面粉妆银砌，忽见宝琴披着凫靥裘站在山坡上遥等，身后一个丫鬟抱着一瓶红梅。（第五十回）

过街门指通道两侧相对着开的门。门楼即门上起楼，常见的有大门上的楼和观阙上的楼。门楼上嵌匾，匾上题字，则是园林中常见的手法。一般题名均为成对出现，仅以苏州园林为例: 拙政园中有"淡泊""疏朗",狮子林中有"通幽""入胜",耦园中有"载酒""问字",等等。同样,暖香坞中的"穿云""度月"也是如此。

坞,原指山坞,也指四面高中间低的地方。北周庾信《杏花诗》:"依稀暎村坞,烂漫开山城。"

苏州狮子林探幽

后泛指四边如屏的花木深处,或四面挡风的建筑物。王维的辋川别业中,即在辛夷花深处建有"辛夷坞"。因在花木深处,故比别处更加温暖。名曰"暖香"者,取温香拂脸、温暖如春之意。脂批戏言道:"各处皆如此,非独因'暖香'二字方有此景。戏注于此,以博一笑耳。"

关于"暖香"有两段趣事,一是黛玉曾以"暖香"打趣宝玉道:"你有玉,人家就有金来配你;人家有'冷香',你就没有'暖香'去配?"(第十九回)二是宝玉胡诌要给黛玉配丸药的方子时,云:"我这方子比别个不同,这个药名儿也古怪,一时也说不清。只讲那头胎紫河车,人形带叶参,龟大何首乌,千年松根茯苓胆……"(第二十八回)

有脂批云:"今颦儿之剂,若许材料皆系滋补热性之药,兼有许多奇物,而尚未拟名,何不竟以'暖香'名之?以代补宝玉之不足,岂不三人一体矣。"

还有一点需要说明,在海棠社取诗号时,宝钗说:"四丫头在藕香榭,就叫她'藕榭'就完了。"(第三十七回)藕香榭离蓼风轩和暖香坞不远,且园中人到暖香坞大多是"过藕香榭"而来,因此这一带的三者可以互相代称,而不必拘泥。

与"秋爽斋"和"晓翠堂"为一组建筑且相互映衬一样,"暖香坞"与"蓼风轩"也是一组建筑且相互映衬。蓼风轩处于高地,而暖香坞位于凹地;前者外向,四顾而望,后者内向,万法归心。择居之时,以"蓼风轩"称惜春的住处,而后则多用"暖香坞"指代,倒也符合惜春的性子——廉介孤僻,明哲保身。就像在抄捡大观园时她所说的:"我只知道保得住我就够了,不管你们。从此以后,你们有事别累我。……古人曾也说的,'不作狠心人,难得自了汉'。我清清白白的一个人,为什么教你们带累坏了我!"(第七十四回)

其实就像"冷香丸"医不好薛宝钗的"热毒"一样,"暖香坞"也救不了贾惜春的"冷心"。"坞"的本意是防守用的小堡。《说文》云:"坞,小障也。一曰庳城。"这防守之意,也的确契合惜春自我保护、自我防御的心理。对惜春而言,也许是因为从小缺少父母怜爱,也许是因为过早看透

清代改琦绘贾惜春

了人间冷暖，又或许只是因为天性了悟，于是"勘破三春景不长，缁衣顿改昔年妆"，从此"把这韶华打灭，觅那清淡天和"，最终"独卧青灯古佛旁，不听菱歌听佛经"。

就如王希廉所说："人不奇则不清，不僻则不净，以知清净法门，皆奇僻性人也。惜春雅负此情，与妙玉交最厚，出尘之想，端自隗始矣。"[1]惜春从心冷意冷到大彻大悟，也许只需要一卷《妙法莲华经》的时间。

---

[1] 清代王希廉《石头记论赞》。

白雪红梅笼青烟 ——

栊翠庵

栊翠庵是妙玉带发修行的地方，属于宗教类建筑。这类建筑，除独立存在之外，大多会包含于占地广袤的皇家苑囿之中，而不会在一般的私家园林中出现。这也是断定大观园的规模介于私家园林和皇家园林之间，而被称为"私家苑囿"的原因之一。

大观园中"栊翠庵"的出现，也经历了由虚转实的过程，先在贾政游园及元妃省亲中草草带道：

一路行来，或清堂茅舍，或堆石为垣，或编花为牖，或山下得幽尼佛寺，或林中藏女道丹房……（第十七回）

忽见山环佛寺，忙另盥手进去焚香拜佛，又题一匾云："苦海慈航"。又额外加恩与一班幽尼女道。（第十八回）

古语有"深山藏古寺"，栊翠庵位于大观园中，虽没有深山可藏，却也是假山环饶。元妃盥手、焚香、拜佛后，乃题一匾，云："苦海慈航"。此为佛教用语，谓佛、菩萨以慈悲之心度人，如航船之济众，使脱离生死苦海。佛教认为："六道"是苦海，"三宝"是慈航。所以说："苦海无边，回头是岸"，又云："法海慈航，寰中普渡"。"慈航"也指慈航真人，为道教的称谓，佛教则称作"观音菩萨"。

及至"刘姥姥二进大观园"时，贾母带其游览，方见"栊翠庵"之正名，亦点出其为妙玉所居。而后又通过"品茶"、"乞梅"、"续诗"三件事加以渲染，凸显栊翠庵的环境、陈设及妙玉的为人、喜好。

先看"栊翠庵品茶"，文中道：

> 贾母因要带着刘姥姥散闷，遂携了刘姥姥至山前树下盘桓了半晌……当下贾母等吃过茶，又带了刘姥姥至栊翠庵来。妙玉忙接了进去。至院中见花木繁盛……一面说，一面便往东禅堂来……只见妙玉让他二人在耳房内，宝钗坐在榻上，黛玉便坐在妙玉的蒲团上。妙玉自向风炉上扇滚了水，另泡一壶茶……贾母已经出来要回去，妙玉亦不甚留，送出山门，回身便将门闭了。（第四十一回）

栊翠庵中花木繁盛，自有一股出世绝尘的意境，贾母也忍不住称赞道："到底是他们修行的人，没事常常修理，比别处越发好看。"其建筑有山门、院墙、正佛堂、东西禅堂及耳房等，想来规模不大，却也严整规范。其中，正堂用于礼佛斋戒，禅房用于静修诵经、耳房用于起止居住。

因早期佛寺一般多建于山上，所以其外门叫"山门"，又称"三门"。后世因之，且以山门为寺院的别名。山门一般由并列的三扇门组成，中间一扇大门，两旁两扇小门，象征"三解脱门"，即"空门、无相门、无作门"。

栊翠庵的佛堂内供着菩萨，耳房里有榻、蒲团等陈设。此外还有烹茶用的风炉及众多精美珍稀的茶具，如海棠花式雕漆填金云龙献寿小茶盘、成窑五彩小盖钟、官窑脱胎填白盖碗、㼎瓟斝、点犀䀉、绿玉斗以及九曲十环一百二十节蟠虬整雕竹根大盉等。无论是雕漆、描金的技法，还是五彩、脱胎的工艺，都是极为复杂而精细的，更不用说宝、黛、钗

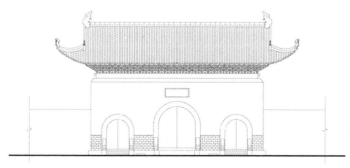

山门正立面图

吃体己茶时所用的古玩奇珍。这些器具都有一种富贵气和世俗气，也昭示着妙玉"出尘而入世"的微妙心理。

再看"栊翠庵乞梅"，文中云：

出了院门，四顾一望，并无二色，远远的是青松翠竹，自己却如装在玻璃盒内一般。于是走至山坡之下，顺着山脚刚转过去，已闻得一股寒香拂鼻。回头一看，恰是妙玉门前栊翠庵中有十数株红梅如胭脂一般，映着雪色，分外显得精神，好不有趣！（第四十九回）

李纨笑道："……我才看见栊翠庵的红梅有趣，我要折一枝来插瓶。可厌妙玉为人，我不理他。如今罚你去取一枝来。"……宝玉忙吃一杯，冒雪而去……一语未了，只见宝玉笑嘻嘻揭了一枝红梅进来。众丫鬟忙已接过，插入瓶内……原来这枝梅花只有二尺来高，旁有一横枝纵横而出，约有五六尺长，其间小枝分歧，或如蟠螭，或如僵蚓，或孤削如笔，或密聚如林，花吐胭脂，香欺兰蕙，各各称赏。（第五十回）

栊翠庵中有数十枝红梅，映着白雪，分外精神。恰巧宝玉联诗落第，李纨便罚其"踏雪寻梅"。宝玉欣然前往，未几折来一枝红梅插瓶，其色极艳，其味极香，所谓"花吐胭脂，香欺兰蕙"。而其姿态，则横枝斜出，小枝分歧，恰合文人赏梅的情趣——梅以曲为美，直则无姿；以欹为美，正则无景；以疏为美，密则无态。[1] 虽被龚自珍讥之为"病梅"，却别有曲折曼妙的姿态。

梅，落叶乔木。早春开花，以白色、红色为主，味清香，可供观赏。果球形，生者青而熟者黄，味稍酸，可供食用及药用。梅花，自古以来便是著名的观赏植物，位列"中国十大名花"之首，素有"开百花之先，独天下而春"的美誉。

梅也因高洁、坚强、谦虚的品格，而被世人推崇。由此，也形成了独特的"梅文化"，并成为传统文化的重要组成部分，其中又以《梅谱》和《梅品》最具有代表性。《梅谱》为范成大所著，是我国最早的梅花专著。其文曰："梅，天下尤物。无问智愚贤不肖，莫敢有议。吴下所出，而成大得而植于范村者十二种，尝为谱之……梅以韵胜，以格高，故以横斜疏瘦与老枝怪奇者为贵……"[2]《梅品》为张功甫撰写，专门介绍如何欣赏梅花。其文曰："梅花为天下神奇，而诗人尤所酷好……因审其性情，思所以为奖护之策，凡数月乃得之。今疏花宜称、憎嫉、荣宠、屈辱四事，总五十八条，

---

[1] 清代龚自珍《病梅馆记》。

[2] 南宋范成大《梅谱》，又称《范村梅谱》，其十二种梅分别为：江梅、早梅、官城梅、消梅、古梅、重叶梅、绿萼梅、百叶梅、红梅、鸳鸯梅、杏梅、江梅。

揭之堂上，使来者有所警省，且示人徒知梅花之贵而不能爱敬也……"[1]

由此可见，文人雅士大多对梅花偏爱有加。因此，对于梅花之美，不但要看，还要赏，继而更要探、要寻，是以"雪中探梅、踏雪寻梅"历来被奉为雅事。毕竟"雪映梅开"只是天景，而"踏雪寻梅"才是人趣。陈继儒也说："雪后寻梅，霜前访菊，雨际护兰，风外听竹，固野客之闲情，实文人之深趣。"李纨虽厌恶妙玉，却因爱其庵前的红梅，便以惩罚为名，行折梅之实，让宝玉取一枝清赏。又让邢岫烟、李纹、薛宝琴分别以"红、梅、花"三字为韵，各吟诗一首，如此便完成了"探梅、寻梅、赏梅、吟梅"的一系列风雅情事。复令宝玉赋诗一首，题为《访妙玉乞红梅》，诗曰：

酒未开樽句未裁，寻春问腊到蓬莱。

不求大士瓶中露，为乞嫦娥槛外梅。

入世冷挑红雪去，离尘香割紫云来。

槎枒谁惜诗肩瘦，衣上犹沾佛院苔。

---

[1] 南宋张功甫《梅品》，其二十六条"花宜称"分别为：澹阴、晓日、薄寒、细雨、轻烟、佳月、夕阳、微雪、晚霞、珍禽、孤鹤、清溪、小桥、竹边、松下、明牕、疏篱、苍崖、绿苔、铜瓶、纸帐、林间吹笛、膝上横琴、石枰下棋、扫雪煎茶、美人淡妆簪戴。

最后是"栊翠庵续诗",其文曰:

妙玉笑道:"……快同我来,到我那里去吃杯茶,只怕就天亮了。"……三人遂一同来至栊翠庵中。只见龛焰犹青,炉香未烬。几个老嬷嬷也都睡了,只有小丫鬟在蒲团上垂头打盹……自取了笔砚纸墨出来,将方才的诗命他二人念着,遂从头写出来……妙玉笑道:"也不敢妄加评赞……如今收结,到底还该归到本来面目上去。若只管丢了真情真事且去搜奇捡怪,一则失了咱们的闺阁面目,二则也与题目无涉了。"二人皆道极是。妙玉遂提笔一挥而就……(第七十六回)

妙玉"本是苏州人氏,祖上也是读书仕宦之家。因生了这位姑娘自小多病,买了许多替身儿皆不中用,足的这位姑娘亲自入了空门,方才好了,所以带发修行。"(第十八回)可见妙玉出家,并非自愿之举,而是无奈之行。她骨子里还是大家闺秀,还是闺阁面目,唯一不同的是她的闺阁在栊翠庵,仅此而已。

妙玉身在空门而心在红尘,放不下执着、偏见,也斩不断情思、姻缘。她所自称的"槛外人",也不过是一种外在的标榜,一种拒绝的托词。她做不到六根清净,也做不到众生平等,于她而言,"出家人"只是一种身份,而不是一种心境。因此她敏感、挑剔，看不上别人，也被别人看不上。所谓"太高人愈妒，过洁世同嫌"，妙玉辜负了青灯古殿，也辜负了红粉朱楼。最终，一块无瑕美玉，落在污泥之中，依旧是风尘肮脏违心愿，可哀亦可叹！

回头再看栊翠庵，自然是青烟缭绕，绿意氤氲，此所谓"翠"者也。栊，本意为围养禽兽的栅栏，又指窗上的格木、窗户，也泛指房舍。而"庵"，本指圆顶草屋。《释名》云："草圆屋曰蒱，又谓之庵。"《广韵》亦云："庵，小草舍也。"后指僧尼奉佛的小寺庙，也用于文人的书斋。栊翠庵，意即在青翠、幽静的环境中拜佛、修行的小寺庙。

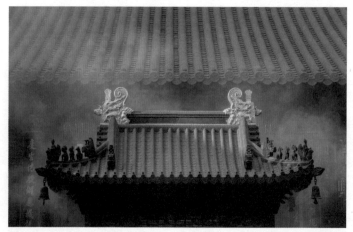

普陀寺

　　"庵"与"寺"类似，都是佛教的修行地，不同之处在于"寺"一般规模较大，且多为男性僧侣；而"庵"一般规模较小，且多为女性僧侣。汉代佛教开始传入，最初被招待在鸿胪寺，而后为其创建馆舍，称"白马寺"。因此，后世佛教的庙宇大多称"寺"。而一寺之中又有若干院，故规模较小的寺便叫作"院"，而比丘尼住的寺院多称为"庵"，即通常说的"尼姑庵"。

　　栊翠庵即小型的比丘尼寺庙，其规制应当比正常寺院略小。准确而言，中国的寺庙建筑没有形成独立的体系，而是仿照宫殿建筑建造，且多受"舍宅为寺"的风气影响，只是在长期演变中，形成一定的特点。一般而言，其布局皆坐北朝南，中轴对称，以大雄宝殿为中心。轴线上依次为山门、天王殿、大雄宝殿、法堂、毗卢殿或藏经楼（阁）、方丈室等，另有钟楼、鼓楼及东、西配殿等建筑。

　　虽然栊翠庵是不错的修行之地，但妙玉却并非很好的修行之人。据《玉篇·木部》载："栊，槛也，牢也。"似乎"栊翠庵"之名，也预示着它是妙玉的牢笼，是妙玉挣不脱、也逃不过的命运枷锁。

藕花深处香盈榭 ——

藕香榭

如前所述，一般园林中的建筑并不适宜长期居住，只是大观园作为红楼儿女的栖息地，突出了其居住功能。不过，大观园也很好地兼顾了一般园林中游憩、观赏、读书、会客等基础功能。因此大观园中除了众多居住建筑外，也有大量单纯的观赏建筑。

通常来说，园林建筑的作用主要体现在三个方面，一是组织游览路线，二是体现园林意境，三是兼具观赏作用。其中观赏作用是古典园林建筑非常重要的作用，毕竟园林的主要用途是游乐和休憩。因此很多园林建筑既可"观景"，又是"景观"；既可"点景"，又是"景点"。它既能根据园林的结构组织游览路线，也能依据园林的布局变成视觉焦点，从而体现出"观赏"与"被观赏"的双重性质。

大观园中的观赏建筑很多，典型的如藕香榭。

据《说文·木部》载："榭，台有屋也。"可知"榭"的本意是高台上构筑的木屋。"榭"多与"台"连用，称"歌台舞榭"，泛指演奏乐曲、表演歌舞的场所。如南宋辛弃疾《永遇乐》词云："舞榭歌台，风流总被雨打风吹去。"

《园冶》中引《释名》之文，解释则更为详细："榭者，藉也。藉景而成者也。或水边，或花畔，制亦随态。"（笔者注：藉，同"借"。）"榭"有凭借的意义——凭借景观而成。或在水边，或在花旁，形式也灵活多变，是一种以借助周边景色见长的园林建筑，供游憩、眺望之用。

大观园中的"藕香榭"即是如此。

所谓"藕香"即荷花之香，意指池中植荷，夏日荷花满池，在一汪碧水中散发着沁人清香，使人心旷神怡，别有情趣。因此藕香榭上有联云："芙蓉影破归兰桨，菱藕香深写竹桥。"

芙蓉即荷花，亦称莲花，周敦颐《爱莲说》赞曰："（莲）出淤泥而不染，濯清涟而不妖，中通外直，不蔓不枝，香远益清，亭亭净植。"可见，莲花之香"远且清"，拙政园中主体建筑"远香堂"即取此意。

莲有香而藕无香，为何曹公要以香言藕，而且偏偏加一个"深"字强调呢？其实"藕香"并非曹公所创，唐代杜甫曾有诗云："疏树空云色，茵陈春藕香。"而曹公此处，恐怕是要以此表达景物的幽深，气韵的生动，突显其草木清香之气。宋代词人李石有"凌波庭院藕香残，银烛夜生寒"之句，李清照也有"红藕香残玉簟秋，轻解罗裳，独上兰舟"之词。

"藕香榭"之名，最早不过是虚点一语，泛泛而谈，一笔带过。文中云：

> 正楼曰"大观楼"，东面飞楼曰"缀锦阁"，西面斜楼曰"含芳阁"；更有"蓼风轩"，"藕香榭"，"紫菱洲"，"荇叶渚"等名。（第十八回）

而接下来的数十回中，也只是闲闲提到，如"宝钗与黛玉等回至园中，宝钗因约黛玉往藕香榭去，黛玉回说立刻要洗澡，便各自散了。"（第三十六回）以及，探春于秋爽斋偶结海棠诗社，众人皆欲起个别号，以做雅称。惜春因其住所"暖香坞"离藕香榭不远，故而宝钗道："四丫头在藕香榭，就叫他'藕榭'就完了。"（第三十七回）

直到湘云请贾母等赏桂花，贾母因问"那一处好？"凤姐道："藕香榭已经摆下了，那山坡下两棵桂花开的又好，河里的水又碧清，坐在河当中亭子上岂不敞亮，看着水眼也清亮。"故而，贾母就引了众人往藕香榭来。此时方得见藕香榭真容，道是：

> 原来这藕香榭盖在池中，四面有窗，左右有曲廊可通，亦是跨水接岸，后面又有曲折竹桥暗接……一时进入榭中，只见栏杆外另放着两张竹案，一个上面设着杯箸酒具，一个

上头设着茶筅茶盂各色茶具……一面说，一面又看见柱上挂的黑漆嵌蚌的对子，命人念。湘云念道：芙蓉影破归兰桨，菱藕香深写竹桥。（第三十八回）

继而，引发贾母追忆往昔及凤姐笑谑打趣，此是后话。

单看这藕香榭，可知它建在池中，四面有窗，左右有廊，前后有桥，是一座典型的水榭——平面或成方形，三面临水，四周开敞或设窗，空间通透畅达，是一处极佳的观景建筑。而且，藕香榭很好的组织了园林游览路线，其楹联、匾额也提升了园林意境，可以说完美地体现了园林建筑的功能。除临水而建的水榭之外，还有依山而建者，《红楼梦》中也曾

清代孙温绘藕香榭

提及："遥望东南，建几处依山之榭；纵观西北，结三间临水之轩。"（第十一回）

此后，在贾母"两宴大观园"时，与众人在大观园东面的缀锦阁底下吃酒，命女戏子们"就铺排在藕香榭的水亭子上。"（第四十回）借着水音欣赏，箫管悠扬，笙笛并发。正值风清气爽之时，那乐声穿林度水而来，又听得近，又听得清，格外有趣。

行文至此，不禁梦入大观园，循着隐隐鼓乐之声，追寻幽幽藕香之树。然而梦境里的藕香榭自然是无迹可寻，生活中的藕香榭却有迹可查。在"园林甲江南"的苏州，就有两处题名为"藕香榭"的居所，真真如《红楼梦》所言，只难得"可巧"二字。

这两处"藕香榭"，一在拙政园之中，一在怡园之内。

拙政园中的"藕香榭"准确而言不是"榭"而是"楼"。其建筑高两层，三面环水，两侧傍山，称"见山楼"，取陶渊明"采菊东篱下，悠然见南山"诗意。传为太平天国时期，忠王李秀成所改（原名隐梦楼），并在此办公，至今楼内摆设一如往昔。楼下有匾，题"藕香榭"，款署"王莼华壬申新正补书"。

见山楼依山傍水，高而不危，是一座典型的江南风格楼房，重檐、卷棚、歇山顶，粉墙黛瓦，古朴淡雅。底层藕香榭沿水的外廊设吴王靠（又称美人靠），小憩时凭栏而坐，近可观游鱼，中可赏荷花，远可眺全园，真好个所在！其下有联：

西南诸峰，林壑尤美。
春秋佳日，觞咏其间。

上联取自欧阳修《醉翁亭记》，点其借景之美。下联取陶渊明"春秋多佳日，登高赋新诗"诗意和王羲之"一觞一咏，亦足以畅叙幽情"句意，言其雅集之乐。

相比之下，怡园的"藕香榭"或许更名副其实。

藕香榭是怡园的主厅堂，为鸳鸯厅式样。藕香榭为北厅，也称"荷花厅"，临池而筑，因厅前水池的荷花而得名，是园中观景、消夏的绝佳场所。厅南为锄月轩，也称"梅花厅"，因与梅花园紧紧相连之故。北厅内牌匾上书"藕香榭"

苏州拙政园见山楼

苏州怡园藕香榭

三字，落款为"丙寅夏日顾廷龙"，其下是一副怡园全景木刻图，两边对联为怡园主人顾文彬所书，云"与古为新杳霭流玉，犹春于绿荏苒在衣"。

藕香榭屏前置条几一张，靠椅一对，颇为淡雅自然。条几上以山石盆景为点缀，两侧放置大理石插屏和青花瓷瓶，朴素之气迎面而来，迥异于《红楼梦》中厅堂摆设的富贵之气，体现了古代文人，尤其是园主人的淡泊之志和归隐之思。苏州园林的兴建大多是文人因官场失意而寄情山水，这也是"文人造园"传统的重要因素。

无论是拙政园的藕香榭，还是怡园的藕香榭，自然都与大观园中的藕香榭不同，唯一相同的恐怕也只有名字了。然而，古语云"睹物而思人，借景以生情"，纵然不能到大观园的藕香榭中和众姐妹一叙，得以在苏州园林的藕香榭中自在的一逛，想必也可聊诉衷肠，聊解梦意吧！

因岩成室芦荻满 ——

芦雪广

　　与"藕香榭"类似，"芦雪广"也是大观园中的一处观赏建筑，但却稍显复杂。它的"复杂"并不是因为建筑形制，而是因为建筑名称。初见"芦雪广"之名的读者，也许会善意的提醒——写错了，应该是"芦雪庵"。

　　其实不然，"芦雪广"才是原笔、正文。除了"芦雪广"和"芦雪庵"之外，细究《红楼梦》的各个古本，还有"芦雪庭""芦雪庐""芦雪亭""芦雪厂"等名称，着实复杂。[1]早期研究者，大多取"芦雪庵"之名，且认为"广"是"庵、庭、庐"等字的简化或讹写，而不及细察。自冯其庸先生《"芦雪广"辨正》一文之后，经过数次学术探讨，"芦雪广"几成定论。[2]

---

[1] 参见甲辰本、梦稿本、列藏本、己卯本、庚辰本及戚序本等古本。

[2] 宽堂《"芦雪广"辨正》，参见《红楼梦学刊》，1989年第3期。笔者注：冯其庸，名迟，字其庸，号宽堂。

为了更好的了解"芦雪广"之名的含义,先看其环境描写:

原来这芦雪广盖在傍山临水河滩之上,一带几间,茅檐土壁,槿篱竹牖,推窗便可垂钓,四面都是芦苇掩覆,一条去径逶迤穿芦度苇过去,便是藕香榭的竹桥了。(第四十九回)

"茅檐土壁"中的"茅檐"即茅屋,辛弃疾有词曰:"茅檐低小,溪上青青草。""土壁"即土墙,《说文·土部》云:"壁,垣也。"北宋李诫《营造法式》则云:"墙,其名有五:一曰墙,二曰墉,三曰垣,四曰土寮,五曰壁。"不过,这些同义词在具体的用法上,还是有着细微的差异。据《六书故》记载:"古者筑垣墉周宇以为宫,后世编苇竹以障楣间,涂之以泥曰壁。"意思是,"壁"是用泥土、芦苇、竹子等材料砌成的屏障。而且,古时高者称"墉",低者称"垣",可知"土壁"是指低矮的土墙。因此,才能够"推窗便可垂钓"。

"槿篱竹牖"中"槿篱",即用木槿做的篱笆。槿,木名,即木槿,落叶灌木。夏秋开花,花有白、紫、红诸色,朝开暮闭,栽培供观赏,兼作绿篱。而"竹牖",即用竹子做的窗户。《说文·片部》云:"牖,穿壁以木为交窗也。"段玉裁注:"交窗者,以木横直为之,即今之窗也。在墙曰

清代孙温绘芦雪广

牖，在屋曰窗。"因为"推窗便可垂钓"，自然窗户相应较
大，所以用竹子制作。

综上可知，芦雪广盖在河滩之上，芦苇丛中，其建筑傍
山临水，是一处用于观景、赏景的房舍。它以茅草为屋，以
泥土为墙，用木槿做篱笆，用竹子做窗户。因为墙壁较矮小，
窗户较宽大，所以显得开敞而通透。芦雪广四面临水，皆有
芦苇覆盖，所以能够推窗垂钓。又有一条小路，蜿蜒曲折，
穿芦度苇而去，便是藕香榭的竹桥。

而且，芦雪广并非小房子，而是大屋子。文中道：

李纨道："我的主意。想来昨儿的正日已过了，再等正
日又太远，可巧又下雪，不如大家凑个社，又替他们接风，

又可以作诗……"又道："我这里虽好，又不如芦雪广好。我已经打发人笼地炕去了，咱们大家拥炉作诗……"宝玉来至芦雪广，只见丫鬟婆子正在那里扫雪开径……

一时大家散后，进园齐往芦雪广来，听李纨出题限韵，独不见湘云宝玉二人……一时只见凤姐也披了斗篷走来……凑着一处吃起来。黛玉笑道："那里找这一群花子去！罢了，罢了，今日芦雪广遭劫，生生被云丫头作践了。我为芦雪广一大哭！"……说着，一齐来至地炕屋内，只见杯盘果菜俱已摆齐，墙上已贴出诗题、韵脚、格式来了。宝玉湘云二人忙看时，只见题目是"即景联句，五言排律一首，限'二萧'韵"。（第四十九回）

宝玉与众姐妹，先是在芦雪广"割腥啖膻"，大烤鹿肉；而后又"即景联诗"，文采风流。除参与联诗的宝、黛、钗、湘及凤姐、李纨、宝琴等十二人外，还有众多的丫环、仆人，可知芦雪广是能够容纳数十人的大屋子。而这也符合一般观景建筑较为宽敞的设定。

明确了"芦雪广"的建筑环境，再来看其名称。

芦，即芦苇，一种多年生草本植物，多生于水边，茎中空，花紫色。其茎可编席亦可造纸，根可入药，穗可做扫帚。《诗经·豳风·七月》云："七月流火，八月萑苇。"孔颖达疏：

"初生为葭，长大为芦，成则名为苇。"芦雪，即"芦花"，因芦苇花轴上有密生的白毛，其色白如雪，故称"芦雪"。

芦苇

"芦雪广"之"广"，读作"掩"（yǎn），为象形字，像房屋之形，并非"廣"（guǎng）的简化字。"广"和"廣"在古代是两个不同的字，《简化字总表》规定"廣"的简化字作"广"，这两个"广"的关系属于同形字，即字形相同而音义不相关的字。[1]

据《说文·广部》载："广，因广为屋，象对刺高屋之形。"徐灏注笺"因广为屋，犹言傍岩架屋。此上古初有宫室之为也。"所以说"广"是依山崖建造的房屋。韩愈有诗曰："剖竹走泉源，开廊架崖广。"李诫《营造法式》亦云："因岩成室谓之广。"因此傍山临水的芦雪广是符合建筑本义的。

退一步讲，以"广"作为"廣"的简化字来看，按《说文·广部》云："廣，殿之大屋也。"段玉裁注："殿谓堂无四壁……覆乎上者曰屋，无四壁而上有大覆盖，其所通者

---

[1] 参见《字源》"广部·广"词条。

宏远矣，是曰广。"意思是，广（廣）指高大且开敞通透的房屋，似乎也颇为符合"芦雪广"的建筑及环境。

再退一步讲，通过"反证法"亦可证明"芦雪广"为原笔正文——逐个研究"庭、亭、庐、厂、庵"等名称的不适宜性，以反证"广"作为名称的合理性，此不赘言。而且，以曹公之笔，建筑类型重复者极少，以最为通行的"芦雪庵"为例——大观园内有"栊翠庵"之名，大观园外有"水月庵"之名，此处恐难复用"庵"字。

回看"芦雪广"，其实早在贾政游园时，脂批便透露道："伏下栊翠庵、芦雪广、凸碧山庄、凹晶溪馆、暖香坞等诸处，于后文一段一段补之，方得云龙作雨之势。"而后，"元妃省亲"时又埋下伏笔，其十数个四字匾额中，便有"荻芦夜雪"之名，只是直到大雪纷飞、诗社重开之时，才有文采飞扬、浓墨重彩之笔。

其实，在此之前还有一段插曲——秋爽斋偶结海棠社之时，探春曾向宝玉及众姐妹发出邀请，在给宝玉的请帖中，花笺上有"若蒙棹雪而来，娣则扫花以待"之句。

"扫花以待"一句，典出杜甫《客至》诗"花径不曾缘客扫，蓬门今始为君开"，表示对友人到来的期盼。而"棹雪而来"一句，异文颇多——有作"掉""绰""踏""造"等，亦有作"绰云"者，或是形讹，或是臆改，皆不足信。

所谓"棹",是划船的一种工具，类似于"桨"，也指划船。如陶渊明《归去来兮辞》云："或命巾车，或棹孤舟。"棹雪，即乘船穿过雪花，用"王子猷棹雪访戴"之典，取其"乘兴而来"之意。[1]

更为重要的是，"棹雪"除了有"写虚"的引用典故之意，还有"写实"的描绘景色之功。秋爽斋离芦雪广不远，而芦雪广四周皆是芦苇，此时恰逢秋季，芦花纷飞似雪，故"棹雪"者，不是天上飘落的"雪"，而是地上飞起的"雪"。

元代张渥《雪夜访戴图》

如今，已经找不到以"广"为名的古建筑了，似乎也不会有以"广"为名的新建筑，只有在古籍文献中，偶尔还能一瞥它的身影。不过，这也正是《红楼梦》中值得研究和学习的一部分，也是向曹雪芹学园林建筑的一方面。

---

[1] 王子猷居山阴。夜大雪，眠觉，开室，命酌酒，四望皎然。因起仿徨，咏左思《招隐诗》，忽忆戴安道。时戴在剡，即便夜乘小船就之。经宿方至，造门不前而返。人问其故，王曰："吾本乘兴而行，兴尽而返，何必见戴？"出自南朝宋刘义庆编著《世说新语·任诞》。

因岩成室芦荻满——芦雪广

搜神夺巧名园妙 ——

屋亭桥

园林建筑的种类很多，常见的有亭、台、楼、阁、轩、榭、廊、厅、堂、馆、舫、桥等建筑形式。而大观园中，几乎包含了所有常见的园林建筑形式。因此显得极为复杂而庞大，讲解起来也颇为复杂和困难，且不十分必要。

不妨再借警幻之口、曹公之言——金陵极大，怎么只十二个女子？而所谓"金陵十二钗"者，何也？原来"贵省女子固多，不过择其紧要者录之。下边二橱则又次之。余者庸常之辈，则无册可录矣。"（第五回）

大观园中建筑固多，却只"择其紧要者录之"。故而，其最要者录于前，如"怡红院""潇湘馆"等；次要者录于后，如"藕香榭""芦雪广"等；再次者合录于此，余者，则不复录矣。

屋

大观园中建筑类型丰富、数量繁多，除前文所撰，还有许多景观建筑，现择其要者，分述于此，统称为"屋"。

《说文·尸部》云："屋，居也。从尸，所主也。从至，所至止。"段玉裁注："屋者，室之覆也。引申之，凡覆于上者皆曰屋。"意思是，"屋"即房屋、房舍，有人活动或起居的场所。故而，可以作为园林建筑的统称。

大观园中的"屋"，有的自成一体，有的组合为院，也有的相互呼应。凸碧山庄和凹晶溪馆，便是相互呼应的一对建筑。文中道：

当下园之正门俱已大开，吊着羊角大灯。嘉荫堂前月台上，焚着斗香，秉着风烛，陈献着瓜饼及各色果品……贾母便说："赏月在山上最好。"因命在那山脊上的大厅上去。众人听说，就忙着在那里去铺设……于是贾赦贾政等在前导引……从下逶迤而上，不过百余步，至山之峰脊上，便是这座敞厅。因在山之高脊，故名曰凸碧山庄。于厅前平台上列下桌椅，又用一架大围屏隔作两间。凡桌椅形式皆是圆的，特取团圆之意。（第七十五回）

只因黛玉见贾府中许多人赏月，贾母犹叹人少……不觉对景感怀，自去俯栏垂泪……只剩了湘云一人宽慰他，因说："……早已说今年中秋要大家一处赏月，必要起社，大家联句……她们不作，咱们两个竟联起句来，明日羞他们一羞……这山上赏月虽好，终不及近水赏月更妙。你知道这山坡底下就是池沿，山坳里近水一个所在就是凹晶馆。可知当日盖这园子时就有学问。这山之高处，就叫凸碧；山之低洼近水处，就叫作凹晶。这'凸''凹'二字，历来用的人最少。如今直用作轩馆之名，更觉新鲜，不落窠臼。可知这两处一上一下，一明一暗，一高一矮，一山一水，竟是特因玩月而设此处。有爱那山高月小的，便往这里来；有爱那皓月清波的，便往那里去。……"说着，二人便同下了山坡。只一转弯，就是池沿，沿上一带竹栏相接，直通着那边藕香榭的路径。因这几间就在此山怀抱之中，乃凸碧山庄之退居，因洼而近水，故颜其额曰"凹晶溪馆"。因此处房宇不多，且又矮小，故只有两个老婆子上夜。（第七十六回）

凸碧山庄位于山之高脊，突出于山巅之上，故称"凸碧"。凹晶溪馆位于水之低洼，环抱在池水之畔，故称"凹晶"。两处建筑虽不在一起，且一上一下、一明一暗、一高一矮、一山一水，却同是为玩月而设，从而形成一组赏月、祭月、咏月的建筑群。因其位置不同而有不同感受——登高而赏，则"山高月小，水落石出"；临水而望，则"清风徐来，水波不兴"。虽然视野不同、景致不一，却同样富有诗情。

凸碧山庄是一座敞厅，所谓"敞厅"，指两面相通的大厅堂，亦指宏敞的厅堂。因其开阔宽敞，故而便于赏月。其厅前有平台，旁有桂花，可容纳数十人夜宴。同时，凸碧山庄与嘉荫堂相隔不远，应该一个是山顶上的开阔建筑，一个是山脚下的宽敞建筑。

而凹晶溪馆是凸碧山庄的退居，所谓"退居"，指供临时休息的房屋。其在群山环抱之中，洼而近水，房宇不多，

清代孙温绘凹晶馆联诗悲寂寞

且又矮小。同时凹晶溪馆在山坡地下的池沿旁，沿上一带竹栏相接，有一条通往藕香榭的路径。

且说"凹晶、凸碧"之名，黛玉道："实和你说罢，这两个字还是我拟的呢。因那年试宝玉，因他拟了几处，也有存的，也有删改的，也有尚未拟的……所以凡我拟的，一字不改都用了。"可知，此名为黛玉所拟，也确实符合其风流别致、奇巧新雅的诗风。

再看"红香圃"。

且说那日乃是宝玉、宝琴、岫烟、平儿等人的生日，因宫中一位老太妃薨逝，凡诰命等皆入朝随班按爵守制，故贾母、邢、王、尤、许婆媳祖孙等皆每日入朝随祭。于是，众人无拘无束的在红香圃宴饮玩乐、办寿宴。文中云：

> 一进角门，宝钗便命婆子将门锁上，把钥匙要了自己拿着……说着，来到沁芳亭边，只见袭人、香菱、待书、素云、晴雯、麝月、芳官、蕊官、藕官等十来个人都在那里看鱼作耍……宝钗等遂携了他们同到了芍药栏中红香圃三间小敞厅内……只见筵开玳瑁，褥设芙蓉。众人都笑："寿星全了。"（第六十二回）

于是，众人吃酒行令。或有射覆的，或有划拳的，或有对点的，呼三喝四，喊七叫八，任意取乐。满厅中红飞翠舞，玉动珠摇，十分热闹。及至散席，倏然不见了湘云，忙使人各处去找。良久，一个小丫头笑嘻嘻地走来："姑娘们快瞧云姑娘去，吃醉了图凉快，在山子后头一块青板石凳上睡着了。"众人走来看时，只见：

> 湘云卧于山石僻处一个石凳子上，业经香梦沉酣。四面芍药花飞了一身，满头、脸、衣襟上皆是红香散乱，手中的扇子在地下，也半被落花埋了，一群蜂蝶闹穰穰的围着他，又用鲛帕包了一包芍药花瓣枕着。众人看了，又是爱，又是笑，忙上来推唤挽扶。湘云口内犹作睡语说酒令，唧唧嘟嘟说：泉香而酒冽，玉盏盛来琥珀光，直饮到梅梢月上，醉扶归，却为宜会亲友。（第六十二回）

清代孙温绘憨湘云醉眠芍药裀

湘云因多喝了几杯酒，醉卧在红香圃中，以青石为席、以鲛帕为枕、以落花为被，颇有几分魏晋名士的风度。正所谓"唯大英雄能本色，是真名士自风流"，湘云以女儿之身、宽宏之量，摒弃了一切矫揉造作，也打破了一切虚伪矜持，行的自我、活得洒脱，可以说是《红楼梦》中最为天真烂漫、憨态可掬的少女。

红香圃位于芍药栏中。所谓"圃"，是种植蔬菜、花果或苗木的园地。《说文·口部》云："种菜曰圃。"又指种植园圃的人，如《红楼梦》酒令中提到的"吾不如老圃"。而"红香"，谓色红而味香，为泛指。原题"红香绿玉"的怡红院中，用以指海棠；而红香圃中，则用来指芍药——四面芍药花飞了一身，红香散乱。

芍药，是多年生草本植物，根可入药。其花大而美丽，有紫红、粉红、白等多种颜色，供观赏，亦可食用，如芍药花粥、饼、茶等。芍药是"中国十大名花"之一，有"花相"之称，被尊为"五月花神"。芍药也是爱情的象征，表示男女爱慕之情，或指文学中言情之作，《诗经》中即有"维士与女，伊其相谑，赠之以勺药"之句。

红香圃是一处芍药园中的小建筑。虽然其形制、规模皆不可考，但有"湘云醉卧"之事，便足矣闻名至今。而芍药，也因"湘云眠芍"之举，而多了几分别致的韵味。

清代郎世宁
《仙萼长春图册·芍药》

最后，再说"柳叶渚"。

渚，小洲也，指水中的小块陆地。《尔雅·释水》云："水中可居者曰洲，小洲曰渚，小渚曰沚，小沚曰坻。"《诗经·召南·江有汜》曰："江有渚，之子归，不我与。"清代王先谦《诗三家义集疏》中解释道："水中小洲曰渚，洲旁小水亦称渚。"可见，柳叶渚即栽植柳树的小块水中陆地。而且，书中描述也确实如此。

一日清晓，宝钗春困已醒，因湘云犯了杏瘢癣，需要蔷薇硝，宝钗便命莺儿去潇湘馆取些来。又因蕊官要瞧瞧藕官，便一径出了蘅芜苑。文中道：

　　二人你言我语，一面行走，一面说笑，不觉到了柳叶渚，顺着柳堤走来。因见柳叶才吐浅碧，丝若垂金，莺儿便笑道："你会拿着柳条子编东西不会？"蕊官笑道："编什么东西？"莺儿道："什么编不得？顽的使的都可。等我摘些下来，带着这叶子编个花篮儿，采了各色花放在里头，才是好顽呢。"说着，且不去取硝，且伸手挽翠披金，采了许多的嫩条，命蕊官拿着。他却一行走一行编花篮，随路见花便采一二枝，编出一个玲珑过梁的篮子。枝上自有本来翠叶满布，将花放上，却也别致有趣。（第五十九回）

　　初春时分，柳树刚刚发芽，叶吐浅碧，丝若垂金。莺儿与蕊官"挽翠披金"，采了许多新枝嫩条，一行走、一行编，又采野花做点缀，编出了一个玲珑过梁的篮子，颇有惠风和畅，清新怡人之感。

　　然而，好景不长，没多久只见春燕的姑妈拄了拐走来，因见采了许多嫩柳，又见藕官等都采了许多鲜花，心内便不受用；只是看着莺儿编，又不好说什么，便说春燕贪玩。不想莺儿开玩笑，说是春燕所摘，那婆子便拿起拄杖来向春燕身上击了几下。偏又有春燕的娘出来找她，见此情景，也不容分说，新仇加旧恨一起撒在春燕身上，走上来便打耳刮

清代孙温绘柳叶渚

子。可怜春燕又愧又急，哭着跑走了。此所谓"柳叶渚边嗔莺咤燕"。

本来天真活泼、谐调融洽的场景，瞬间变成指桑骂槐、争强斗狠的事件，联系到《红楼梦》中每况愈下的大环境，不难发现即使是生机勃发的春天，也有暗流涌动的危机，可悲可叹。

亭

亭，可以说是园林中样式最灵活的一种建筑类型。

《说文·高部》曰："亭，民所安定也。"段玉裁注："《风俗通》曰：'亭，留也，盖行旅宿会之所馆。'按，云'民所安定'者，谓居民于是备盗贼，行旅于是止宿也。"意思是，亭指古代设在道旁供行人停留食宿的处所，即后世称作"驿亭"者。

而通常所说的"亭"，是一种有顶无墙的小型建筑物，大多建造在园林中、名胜处或道路旁，供人休息、观赏，即亭子。"亭"与"榭"一样，大多借景而成。《正字通》即云："亭，亭榭。"而据《园冶》载："《释名》云：'亭者，停也。人所停集也。'……造式无定，自三角、四角、五角、梅花、六角、横圭、八角至十字，随意合宜则制，惟地图可略式也。"

因为亭的造型复杂多变，位置因地制宜，所以历来都是园林中的点睛之笔。《园冶》中就有诸多论述，如"高方欲就亭台，低凹可开池沼……杂树参天，楼阁碍云霞而出没；繁花覆地，亭台突池沼而参差。"又如"架屋随基，浚水坚之石麓；安亭得景，莳花笑以春风。"再如"花间隐榭，水际安亭，斯园林而得致者。惟榭只隐花间，亭胡拘水际。通泉竹里，按景山颠。或翠筠茂密之阿，苍松蟠郁之麓；或借濠濮之上，人想观鱼；倘支沧浪之中，非歌濯足。亭安有式，基立无凭。"

可见无论是山顶、水涯，还是松荫、竹丛，都是安亭置榭的合适地点。所以说，亭子不仅是供人休憩的场所，更是园林中重要的点景建筑。所谓"奇亭巧榭"，若布置合理，则全园俱活。自古以来，便有许多关于"亭"的趣闻轶事、风流佳话。其中最具代表性的，便是醉翁亭。

醉翁亭位于安徽滁州琅琊山风景名胜区内，因北宋欧阳修《醉翁亭记》一文而名垂千古，被列为"中国四大名亭"之首，又被称为"天下第一亭"。所谓"醉翁之意不在酒，在乎山水之间也"，其文由山而峰、由峰而泉、由泉而亭、由亭而人、由人而酒、由酒而醉翁，再由醉翁之意到山水之乐，条理清楚，构思精巧，影响深远。

大观园中亦用此典，彼时贾政带领宝玉及众清客游园，只见：

一带清流，从花木深处曲折泻于石隙之下。再进数步，渐向北边，平坦宽豁，两边飞楼插空，雕甍绣槛，皆隐于山坳树杪之间。俯而视之，则清溪泻雪，石磴穿云，白石为栏，环抱池沿，石桥三港，兽面衔吐。桥上有亭。贾政与诸人上了亭子，倚栏坐了，因问："诸公以何题此？"诸人都道："当日欧阳公《醉翁亭记》有云：'有亭翼然。'就名'翼然'。"贾政笑道："'翼然'虽佳，但此亭压水而成，还须偏于水题方称。依我拙裁，欧阳公之'泻出于两峰之间'，竟用他这一个'泻'字。"有一客道："是极，是极。竟是'泻玉'二字妙。"（第十七回）

无论是"翼然",还是"泻玉",皆出自《醉翁亭记》,其文曰:"山行六七里,渐闻水声潺潺而泻出于两峰之间者,酿泉也。峰回路转,有亭翼然临于泉上者,醉翁亭也。"虽然,最终题为"沁芳亭",而非"泻玉亭",但也深受醉翁亭的影响,毕竟"沁芳"二字与"泻玉"内涵相似,只是更为新雅、更为深刻。

沁芳亭应该算是大观园中规模最宏大、建筑最奢华、性质也最重要的一座亭子。它是一座亭桥——即在桥上建亭,类似于扬州瘦西湖的五亭桥。其桥白石为栏,环抱池沿,石桥三港,兽面衔吐。其亭应为四角、攒尖顶,与桥结合,一同构成园林空间中的精美景观,又有水中倒影,相映成趣,倍添情致。脂批云:"此亭大抵四通八达,为诸小径之咽喉要路。"

关于"沁芳"之名,"芳"自然是指花草及花草的香气,比喻《红楼梦》中的一众儿女。而"沁",指气体、液体等渗入或透出,唐代唐彦谦《咏竹》诗云:"醉卧凉阴沁骨清,石床冰簟梦难成。"可见,"沁芳"的本义即花草渗透出的香气。王国维说:"大家之作,其言情也必沁人心脾,其写景也必豁人耳目。"[1]"沁芳"之义,类似于"沁人心脾",给人以清新、爽朗、雅致的感觉。

---

[1] 王国维《人间词话(插图本)》,万卷出版公司,2009年。

这是从文字的角度加以解释，似乎相当新雅，也相当别致。如果更进一步，从文学角度加以分析，好像更为深刻，也更为悲切。周汝昌先生说："'沁芳'，字面别致新奇，实则就是'花落水流红'的另一措语，但更简靓，更含蓄。流水飘去了落红，就是一个总象征：诸艳聚会于大观园，最后则正如缤纷的落英，残红狼藉。群芳的殒落，都是被溪流'沁'渍而随之以逝的！"又说："这就是读《红楼梦》的一把总钥匙，雪芹的"香艳"字面的背后，总是掩隐着他的最巨大的悲哀，最深刻的思想。'沁芳'，花落水流红，流水落花春去也，是大观园的真正眼目，亦即《石头记》全书的新雅而悲痛的主旋律。"[1]

把"沁芳"当作"花落水流红"之句的"浓缩"和"再铸"，而且更加简净、更加丰厚，并透过"香艳"之笔，看到"心酸"之泪，可谓真知灼见。同时，也体现出中华文化、尤其是诗词文化中深厚的底蕴，那种"只可意会、不可言传"的文辞之美和意境之妙。又传达出"千红一窟（哭）"、"万艳同杯（悲）"的悲剧主旨，无怪乎曹公反复运用、多次强调，将溪、桥、闸、亭皆以"沁芳"为名。

---

[1] 周汝昌《红楼十二层》，书海出版社，2005 年。

清代改琦绘贾宝玉、林黛玉

"沁芳"者,"水"与"花"之交融也。大观园中,"水"最多者,在潇湘馆,为黛玉象征;而"花"最多者,在怡红院,为宝玉主理。细细思之,"沁芳"之名,似乎也暗喻宝黛之事,别有情趣。

除沁芳亭之外,大观园中还有一处重要的景观亭——滴翠亭。文中道:

宝钗道:"你们等着,我去闹了她来。"说着便丢下众人,一直的往潇湘馆来……忽见前面一双玉色蝴蝶,大如团

清代孙温绘滴翠亭杨妃戏彩蝶

扇，一上一下的迎风翩跹，十分有趣……宝钗蹑手蹑脚的，一直跟到池中的滴翠亭，香汗淋漓，娇喘细细，也无心扑了。刚欲回来，只听亭子里面嘁嘁喳喳有人说话。原来这亭子四面俱是游廊曲桥，盖在池中，周围都是雕镂槅子糊着纸。（第二十七回）

可见，滴翠亭是潇湘馆附近的一处水中之亭，外圈是四面的游廊回桥，内圈则是雕镂格子围合。一般来说，亭是"有顶无墙"的开敞空间，滴翠亭却内部围和，颇为奇特。

此亭虽小，却前有"宝钗扑蝶"之事，后有"金蝉脱壳"之法，因"滴翠亭事件"而闻名，也引得钗、黛两派烽烟并起，争论不休。其实，大可不必过分解读宝钗的"城府"与"心机"——本就为寻找黛玉而来，脱口而出黛玉之名，也属情理之中。虽无意间以颦儿为挡箭牌，却也不是刻意陷害。脂批亦云："池边戏蝶，偶尔适兴；亭外急智脱壳，明写宝钗非拘拘然一女夫子。"意思是，宝钗也有少女心，不是老夫子。

文中还提及有园内的牡丹亭（第十七回）、藕香榭的水亭（第四十回）、山坡底下的小亭（第六十七回）和园外的洒泪亭（第三十七回、第六十九回）以及史家的水亭"枕霞阁"（第三十八回）等。可想而知，《红楼梦》中亭的数量之多、种类之繁，亦可想见其点景作用的重要。

鉴于"亭"的重要作用，也少不了以"亭"为核心的园林，比如北京的"陶然亭"和苏州的"沧浪亭"。其中，沧浪亭始建于北宋时期，是苏舜钦的私人园林，也是苏州现存园林中历史最为悠久的一座。苏舜钦与欧阳修，既是同僚也是诗友，此二人皆因"庆历新政"的失败而饱受牵连，从而纵情山水。在欧阳修于滁州写下《醉翁亭记》的千古名篇之前，苏舜钦便在苏州写下《沧浪亭记》的不朽篇章。如今，沧浪亭中有一副对联，曰："清风明月本无价，近水远山皆有情"。上联出自欧阳修诗，下联出自苏舜钦诗，浑然一体，不仅叙说了沧浪亭的建亭过程，也写尽了沧浪

苏州沧浪亭

亭的山水风月，堪称绝妙！同时，网师园中名为"月到风来"
的六角亭，拙政园中题作"与谁同坐"的扇面亭，也都是
园林中的佳景胜境。

苏州网师园月到风来亭

　　历史上亭的种类，远非如今所见到的这么简单。虽然，如今所见之亭尚有三角、四角、六角、八角及圆亭之别，且有单檐、重檐之分，还有半亭、扇亭、梅花亭、连珠亭等变体，但古籍中更有许多脑洞大开之亭，其精美华丽令人瞠目结舌。

　　这些，也从侧面反映了亭的丰富种类和灵活样式，以及建筑艺术的多姿多彩。

各式各样的亭

桥

与"亭"一样，"桥"也是园林中必不可少又精彩纷呈的建筑物。

"桥"指架在水上或空中以便通行的建筑物，即桥梁。《说文》云："桥，水梁也。"段玉裁注："水梁者，水中之梁也……凡独木者曰杠，骈木者曰桥。"可见桥最早是跨水行空的道路，后来又衍生出架在空中的"天桥"形式，如悬崖峭壁上的"栈道"和宫殿楼阁间的"飞阁"。

桥，历史悠久、形式多样，自古便有"有园皆有水，有水皆有桥"之谚。园林中的桥，统称"园桥"，其风格各异、样式繁多，是古典园林的重要组成部分。一般来说，园桥架在水面之上——或在沟壑之间，或在湖池两岸。其功能除了提供园林通行之外，还有联系园林景点、丰富园林视线、划分园林空间等作用，是一种造景、赏景、点景、组景的手段。

园桥主要有平桥、拱桥、亭桥和廊桥等形式。

平桥，即没有弧度的桥，大多贴水而建，又有"直桥"和"曲桥"之分。曲桥，又叫"折桥"，即曲折的平桥，通常有三折、五折、七折、九折等，统称"九曲桥"。曲桥是园桥的特有样式，所谓"景莫妙于曲"，园林中的曲桥，可以起到延长景观游线，扩大景观画面的效果。同时，形成水面似分非分、空间似隔非隔的艺术境界，颇受造园家青睐。典型的如苏州狮子林的九曲桥和上海豫园的九曲桥。

苏州网师园九曲桥

拱桥，即用拱作为桥身主要承重结构的桥，其特征是中部高起、桥洞呈弧形，造型优美、曲线圆润，富有动态感。拱桥有"单拱"和"多拱"之分，大多以砖、石、木等材料建造，又以石拱桥艺术成就最高。单拱桥，一般跨度较小，典型的如北京颐和园玉带桥，拱券呈抛物线形，上可行人，下可行船，宛如垂虹卧波。多拱桥，一般跨度较大，常见的多为三、五、七孔，典型的如北京颐和园的十七孔桥，是由17个桥洞组成的150米长桥，飞跨于东堤和南湖岛，宛若长虹卧波。

古典建筑中的拱桥（不局限于园桥），尤其是石拱桥，在世界建筑史上都具有重要地位。如河北的赵州桥，建于隋

虹桥，北宋张择端《清明上河图》局部

代，距今 1400 多年，并首创"敞肩拱"的形式，是世界上保存最完好、最古老的单孔石拱桥。又如苏州的宝带桥，始建于唐代，全长 317 米，由 53 孔的落墩联孔桥形成，其桥身之长、桥孔之多、结构之巧，世所罕见。而木拱桥，由于材料自身的缺陷，虽然没有实物例证，却能在画中窥其一斑——北宋画家张择端《清明上河图》中的虹桥，便是典型的木拱桥。

亭桥和廊桥，分别由桥与"亭"或"廊"结合而成，既可通行，又能休憩。同时，也增加了桥的形体变化，丰富了桥的空间层次。相对而言，亭桥和廊桥的规模更大，更容易形成单独的景点，从而成为景观核心。如扬州瘦西湖的五亭桥，便是典型的亭桥；而苏州拙政园的小飞虹，则是典型的廊桥。

大观园中提到桥的名称很多，如折带朱栏板桥（第十七回）、沁芳桥（第十七回）、沁芳闸桥（第二十三回）、翠烟桥（第二十五回）、蜂腰桥（第二十六回）以及滴翠亭的曲桥（第二十七回）、藕香榭的竹桥（第三十八回）等。然而，大多点到即止，未及深入描写，唯有"沁芳桥"和"蜂腰桥"相对细致。

　　沁芳桥，是一座亭桥，前文已写，不再赘述。这里补充几个片段：

　　刚到了沁芳桥，只见各色水禽都在池中浴水，也认不出名色来，但见一个个文彩炫耀，好看异常，因而站住看了一回。再往怡红院来，只见院门关着，黛玉便以手扣门。谁知晴雯和碧痕正拌了嘴，没好气……便说道："都睡下了，明儿再来罢！"（第二十六回）

　　宝玉便也正要去瞧林黛玉，便起身拉拐辞了他们，从沁芳桥一带堤上走来。只见柳垂金线，桃吐丹霞，山石之后，一株大杏树，花已全落，叶稠阴翠，上面已结了豆子大小的许多小杏。宝玉因想道："能病了几天，竟把杏花辜负了！"（第五十八回）

　　袭人遂到自己房里，换了两件新鲜衣服……出了怡红院，来至沁芳桥上立住，往四下里观看那园中景致。时值秋令，秋蝉鸣于树，草虫鸣于野；见这石榴花也开败了，荷叶也将残上来了，倒是芙蓉近着河边，都发了红铺铺的咕嘟子，衬着碧绿的叶儿，倒令人可爱。（第六十七回）

　　第一个，是黛玉在沁芳桥看池中的水禽，其物虽好看异常，而人却被拒之门外，又思及"父母双亡，无依无靠"，

清代孙温绘沁芳桥

不免越想越伤感，独立墙角边花荫之下，悲悲戚戚呜咽起来。第二个，是宝玉在沁芳桥看池边杏树，因见"绿叶成荫子满枝"，感慨邢岫烟已择了夫婿，过几年未免乌发如银，红颜似槁，因此流泪叹息。第三个，是袭人在沁芳桥看园内的秋景，只见石榴花也败了，荷叶也残了，一派萧条肃杀之景。自始至终，沁芳桥似乎都弥漫着一股悲凉之气、哀怨之风。

　　蜂腰桥是大观园中的一处小桥，同滴翠亭一样，因为"蜂腰桥事件"而闻名，且都与小红相关。不同的是，"滴翠亭事件"暗藏玄机，"蜂腰桥事件"暗含情愫。文中道：

这里红玉刚走至蜂腰桥门前，只见那边坠儿引着贾芸来了。那贾芸一面走，一面拿眼把红玉一溜；那红玉只装作和坠儿说话，也把眼去一溜贾芸。四目恰相对时，红玉不觉脸红了，一扭身往蘅芜苑去了。（第二十六回）

而后，贾芸出了怡红院，口里一长一短和坠儿说话，得知前日所捡之手帕为红玉所丢，心内不胜喜幸。又见坠儿追索，便向袖内将自己的一块取了出来，交与坠儿，借手帕以传情，所谓"蜂腰桥设言传心事"也。

蜂腰，指蜂体中部细狭的部分，比喻人的细腰。唐代皇甫松《抛球乐》词云："带翻金孔雀，香满绣蜂腰。"《红楼梦》中曾多次用"蜂腰"形容女子，如：

只见她（笔者注：鸳鸯）穿着半新的藕合色的绫袄，青缎掐牙背心，下面水绿裙子。蜂腰削背，鸭蛋脸面，乌油头发，高高的鼻子，两边腮上微微的几点雀斑。（第四十六回）

只见她（笔者注：湘云）里头穿着一件半新的靠色三镶领袖、秋香色盘金五色绣龙窄裉小袖掩衿银鼠短袄，里面短短的一件水红妆缎狐肷褶子，腰里紧紧束着一条蝴蝶结子长穗五色宫绦，脚下也穿着麀皮小靴，越显的蜂腰猿背，鹤势螂形。（第四十九回）

同时，由于蜂腰中间细，故比喻居中者最差。典出《南史·周弘直传》："弘直方雅敦厚，气调高于次昆。或问三周孰贤，人曰：'若蜂腰矣。'"又比喻事物之间的转折，也指旧诗作法中的"八病"之一。

此桥以"蜂腰"为名，或许是取其弯曲之形。那么，蜂腰桥自然是拱桥。然而，文中又云"只见蜂腰板桥上一个人打着伞走来，是李纨打发了请凤姐儿去的人。"（第四十九回）既然称"板桥"，蜂腰桥自然是平桥。如此便产生了矛盾。或许，蜂腰桥仅取其"细"之意，指桥身较窄，故为平桥，也未可知。

清代孙温绘蜂腰桥

值得注意的是，文中说小红走到"蜂腰桥门前"，可知蜂腰桥两端有桥门，相应的桥上应该建有廊子。那么，蜂腰桥便是一座"廊桥"。加上沁芳亭桥的"亭桥"、折带朱栏板桥的"平桥"、沁芳闸桥的"拱桥"，大观园中便包含了所有常见桥的种类，桥虽少而类多，言虽简而意赅。

此外，《红楼梦》中还多次以虚笔提到"桥"，比如：

会芳园赞中的，"小桥通若耶之溪，曲径接天台之路。"（第五回）

宝玉驳稻香村中的，"高无隐寺之塔，下无通市之桥。"（第十七回）

贾母牙牌令中的，"当中是个'五与六'……六桥梅花香彻骨。"（第四十回）

芦雪广即景联诗中的，"野岸回孤棹，吟鞭指灞桥。"（第五十回）

这些，充分说明了"桥"之于园林、之于文学的重要作用。它不仅仅是起到连接和通行的作用，更是组织景观空间、提升景观意境的重要手段。许多经典的景观、文学的意象便是以桥为名流传千古，如"断桥残雪""灞桥折柳"等。而用以形容江南水乡的"小桥流水"，也正是"桥"在生活中的直接体现。

随着技术的发展，桥的形态、结构、材质、风格都有了很大的改变和极大的丰富，但其基本功能却延续至今，所谓"一桥飞架南北，天堑变通途"，桥在提供便利的同时，也增添了几分豪迈、几分精致、几分诗情。

如今，《红楼梦》搭建起了古典与现代沟通的桥梁，《跟曹雪芹学园林建筑》则搭建起了我和你交流的桥梁，让我们可以通过《红楼梦》结缘，从而了解古典艺术的博大精深，以及中华文化的深奥精微，不亦快哉！

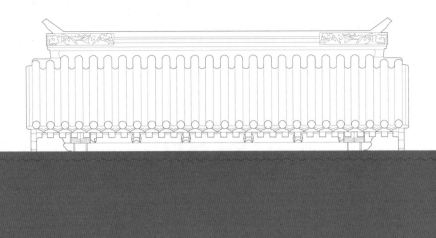

融会贯通 第三章

抱水衔山花木间 ——

园林观

建筑、山水、花木被称为构成古典园林的三要素，三者互相联系，密不可分。以山水为骨架，花木为毛发，建筑则穿插、点缀其间，遵循"虽由人作、宛自天开"的艺术标准，将"自然美"与"人工美"相结合，追求"天人合一"的艺术境界。

鉴于建筑对周边环境的统摄力，偌大景观、若干景致的大观园中，大多是以建筑为构图中心，结合周边的山水与花木形成景点。本书所述，大多如此。然而，也有少数景点仅由山石和花木组合而成，如大观园入口的"翠嶂"。另外，还有单纯以花木为中心或以山水为中心的景点，前者如"柳叶渚"，后者如"石港"。

石港，是典型的山水景观，文中道：

忽闻水声潺湲，泻出石洞，上则萝薜倒垂，下则落花浮荡。（第十七回）

贾妃乃下舆。只见清流一带，势如游龙……船上亦系各种精致盆景诸灯，珠帘绣幕，桂楫兰桡……已而入一石港，港上一面匾灯，明现着"蓼汀花溆"四字。（第十八回）

可见，石港由怪石堆叠而成，其下有洞，沁芳溪从中穿过。山上萝薜倒垂，水上落花浮荡。可乘船从洞中穿过，亦也从山间步道攀藤抚树而行。

山水，是构成园林的地质基础，也一直作为自然风景的代称。

清代孙温绘石港

古人云："小隐隐于野，中隐隐于市，大隐隐于朝。"因唐代白居易《中隐》诗曰："大隐住朝市，小隐入丘樊。丘樊太冷落，朝市太嚣喧。不如作中隐，隐在留司官。似出复似处，非忙亦非闲……唯此中隐士，致身吉且安。穷通与丰约，正在四者间。"从此，文人士大夫便更多地追求"城市山林"的"中隐"情趣——进可居庙堂之高，退可处江湖之远；达则兼济天下，穷则独善其身。

古典园林讲究"山环水抱"——水随山转，山因水活。因此大观园题咏时，多有山水并提之句，如："衔山抱水建来精，多少工夫筑始成"（贾元春）；"山水横拖千里外，楼台高起五云中"（贾惜春）；"秀水明山抱复回，风流文采胜蓬莱"（李纨）。园林中的"山水"，大多是以"假山假水"模拟自然中的"真山真水"。其艺术手法，分别称作"掇山"和"理水"，两者相互依存，密不可分。

掇山，是古典园林中的山体设计，"掇"指拾掇、选取。其山体，又分为岩、峦、洞、穴、涧、壑、坡、矶等类型。而理水，是古典园林中的水体设计，"理"指整理、梳理。其水体，又有湖、池、潭、湾、溪、瀑布等形态。

《园冶》云："瘦漏生奇，玲珑安巧……蹊径盘且长，峰峦秀而古。"园林的假山堆叠，可以把多方之景胜，集于咫尺之山林。其选石类型，主要有湖石类、黄石类、卵石类和剑石类，其中又以太湖石和黄石最为常用。太湖石玲珑剔透，纹美质佳，既可奇峰孤赏，又可构筑峭壁危峰。黄石古拙厚重，棱角分明而又质地坚硬，大多构筑雄山壮景。

中国自古便有赏石、玩石的传统，也形成了独特的"石文化"。石者，地之精、气之核、山之影。[1] 早在开天辟地之时，便有"女娲补天"的传说。据《列子·汤问》载："天地亦物也，物有不足，故昔者女蜗氏炼五色石以补其阙。"而《红楼梦》即据此开篇，云：

> 原来女娲氏炼石补天之时，于大荒山、无稽崖炼成高经十二丈，方经二十四丈顽石三万六千五百零一块。娲皇氏只用了三万六千五百块，只单单剩了一块未用，便弃在此山青埂峰下。谁知此石自经煅炼之后，灵性已通，因见众石俱得补天，独自己无材不堪入选，遂自怨自叹，日夜悲号惭愧。（第一回）

可见《红楼梦》便是刻在石头上的故事——其字迹分明，编述历历，是"无材补天，幻形入世，蒙茫茫大士、渺渺真人携入红尘，历尽一番离合悲欢、炎凉世态的一段故事。"因此《红楼梦》又有《石头记》之名。

---

[1] 西晋杨泉《物理论》："土精为石。石，气之核也。"

　　至宋代，赏石文化达到巅峰，也成就了"括天下之美，藏古今之胜"的艮岳及一大批赏石名家，如爱石成癖的苏轼、玩石如癫的米芾等。同时出现了许多赏石专著，如杜绍的《云林石谱》、范成大的《太湖石志》、常懋的《宣和石谱》等。陆游更是以"花如解语还多事，石不能言最可人"之诗，将"石"与"花"类比，且将"赏石"置于"赏花"之上，饶有趣味。

　　然而文人对奇峰怪石的搜求、赏玩、品评，一方面提高了石的艺术内涵，另一方面也限制了石的艺术发展。其中，以过分地追求湖石"透、漏、瘦、皱、丑"最为典型——既激化了社会政治的矛盾，也留下了园林掇山的弊病。直到明

上海豫园玉玲珑

跟曹雪芹学园林建筑

代，计成提出"是石堪堆，遍山可采"的观点，才扩大了园林选石的范围，也形成了"因地制宜、因形随势"的掇山理念。

计成还结合山水画理，指导园林中的山水创作。正如阚铎在《园冶识语》所说："其掇山由绘事而来，盖画家以笔墨为丘壑，掇山以土石为皴擦，虚实虽殊，理致则一。"山水的"园法"与山水的"画理"有着千丝万缕的关系。比如《园冶》中"未山先麓，自然地势之嶙嶒；构土成冈，不在石形之巧拙"的观点，便是郭熙"远观其势，近取其质"理论的延伸和发展。而扬州个园中分别以"笋石、湖石、黄石、宣石"叠成的四季假山，更是郭熙"春山澹冶而如笑，夏山苍翠而如滴，秋山明净而如妆，冬山惨淡而如睡"理论的象征和再现。

至于古典园林中的水体，通常以"静水"状态为主，"动水"状态为辅。静水，安静朴素，可以反映周边景色的变化；动水，灵动活泼，可以完成自身动态的循环。清代汤贻汾《画筌析览》云："众水汇而成潭，两崖逼而为瀑……性至柔，是瀑必劲。水性至动，是潭必定。"可见，静水以"潭"为代表，动水以"瀑"为典型。不过动、静是相对而言，在某种情况下，静水也会呈现动水的效果，比如风吹波纹、雨滴涟漪，此所谓"以静观动"。

园林水体的布局，可根据需求形成或大或小、或开或合、或动或静的水面。一般来说，园林理水以聚为主、以分为辅，以大为主、以小为辅。聚则大，则开阔疏朗；分则小，则曲折幽深；两者结合，则主从分明，层次丰富。

为了进一步丰富水景的观赏层次，营造出"水有源而无尽"的效果，常用的"理水"手法主要分为三种：一是"掩"，二是"隔"，三是"破"。所谓"掩"，即掩盖，以建筑、花木等，将水面加以掩映，形成含蓄蕴藉之美。所谓"隔"，即隔断，以小桥、堤岸等，将水面加以分隔，形成曲折幽深之美。所谓"破"，即打破，以花木、乱石等，将水面加以破坏，形成纵横交错之美。总之，要扩大水体的岸线，丰富水面的层次，营造出深邃、旷远、幽静的风致。

而"理水"的典范，即"一池三山"的山水格局。据《史记·封禅书》载："蓬莱、方丈、瀛洲，此三神山者，在渤海中。"传说其为仙人所居，且有长生不老之药。秦始皇为得永生，便派遣徐福东渡寻觅，并在皇家宫苑中挖池叠山，模仿神仙居住的环境，从而形成"一池三山"的范式。不过，由于其规模较大，一般多出现于皇家园林中，而面积较小的私家园林，则通常"以一代三"，只取其意。比如，北京颐和园中，以昆明湖为"一池"，以南湖岛、凤凰墩、治镜阁

苏州留园小蓬莱

喻"三山";而苏州留园中,则仅取"蓬莱"一山于池中小岛,并以黄石题曰"小蓬莱"。

明代邹迪光《愚公谷乘》中云:"园林之胜,惟是山与水二物。无论二者俱无,与有山无水、有水无山不足称奇。即山旷率而不能收水之情,水径直而不能受山之趣。"意思说,山、水是园林的根本,若两者缺一,则不足称奇。因此,有山有水的山林地,成为造园家的首选。《园冶》即说:"园地惟山林最胜,有高有凹,有曲有深,有峻而悬,有平而坦,自成天然之趣，不烦人事之工。"只是受限于自然条件，才选择"市井不可园也"的城市地，继而通过叠山、理水等手法，营造山林之胜。

所谓"山不厌高、水不厌深"，"山贵有脉，水贵有源，脉理贯通，全园生动。"山与水在"阴阳和合"的哲学观念下，一静一动、一刚一柔、一实一虚，以其博大的胸怀和丰厚的内涵，滋养了园林，也滋养了园林中人。同时山水艺术中"有真为假，做假成真"的理念，也与《红楼梦》中"假作真时真亦假，无为有处还无"的内涵相通。

总之"山"与"水"构成了大观园的基础，"有高有凹，有曲有深，有峻有悬，有平有坦，自成天然之趣。"同时，也构筑了《红楼梦》的基调——以山蕴其秀，以水沁其芳。在山环水抱间，移天缩地筑名园。

再看园林花木。所谓"花木"，即园林植物的概称。

通常说"建筑是人工的，园林是自然的"，很大程度上便是基于园林花木而言。而且"园林"与"建筑"最重要的区别，或许正是在于"花木"。我们可以理解一座园林没有建筑，也可以想象一座园林没有山水，但绝对不能接受一座园林没有植物。

古典园林中的植物营造，与现代景观的植物配置有所不同。现代景观大多追求植物的立面层次，可分为乔木层、灌木层、花卉层、草坪层等，同时追求"四季长绿、三季有花、二季有果、一季变叶"的景观效果。而古典园林讲究植物的文化内涵，着重欣赏植物的个体美，或孤植、或对植、或丛植，追求意境的营造，同时，

苏州网师园腊梅

不加修剪、崇尚自然，并且注重与周边建筑、山水的协调及与季节、天气的因借。

古典园林的这一特点，源于植物的"比德"思想。比德，是一种自然美学观点，即把花木的自然之美和人的道德之情相联系，认为"花品"即"人品"。其中"比"即象征、比拟，"德"即精神、道德。而"比德"的基本特征，便是将花木的自然属性人格化、人的道德品质客观化，即"花木拟人化"。

"比德"思想由来已久，大概可以追溯到春秋时期，且与《诗经》和《楚辞》中的"比兴"手法有密切联系。比如《诗经·秦风·小戎》中"言念君子，温其如玉"，以玉的温润比拟君子的宽和。再如《楚辞·离骚》中"惟草木之零

落兮，恐美人之迟暮"，以草木零落比喻君子迟暮。"比德"思想也与《易经》中的"观物取象"有紧密关联。比如《周易·乾·象传》中"天行健，君子以自强不息；地势坤，君子以厚德载物"，分别以"乾天"和"坤地"比喻君子的自强之品和宽厚之德。

在儒家的理论和著作中，"比德"思想体现得更为充分多样，相应地也更加重要，更有影响。无论是"智者乐水，仁者乐山"的山水比德，还是"岁寒，然后知松柏之后凋也"的花木比德，都进一步提升和丰富了"比德"思想的文化内涵。所谓"与梅同疏、与兰同芳、与竹同谦、与菊同野"，不同的花木被赋予不同的品德，不同的品德也依赖不同的花木。又因"梅则清标韵高、兰则幽谷品逸、竹则节格刚直、菊则操介清逸"，故并称"四君子"；同时，也成为花木"比德"的典范。

有鉴于此，古典园林中的花木"贵精不在多"，不追求数量，而注重品质。因而，多有以植物为名的建筑或景点——前者如玉兰堂、修竹阁、荷风四面亭、十八曼陀罗花馆等，后者如梧竹幽居、海棠春坞、梨花伴月、青枫绿屿等。这一特征，也得以体现在《红楼梦》中，大观园的"藕香榭""蓼风轩"和"桐剪秋风""荻芦夜雪"，即分别是以植物为名的建筑和景点。

"贵精不贵多"的艺术追求，也导致古典园林中植物的种类相对较少，重复率相对较高。玉兰、桂花、山茶、罗汉松、竹子等植物，几乎各园皆有种植，且种植位置相对固定。梧桐种于院中，玉兰栽于堂前，芭蕉植于窗下。《园冶》中也多有"插柳沿堤，栽梅绕屋""移竹当窗，分梨为院""溪湾柳间栽桃，屋绕梅余种竹"等论断。花木种植的组合方式也相对受限，如松、竹、梅的"岁寒三友"组合，玉兰、海棠、牡丹、桂花的"玉堂富贵"组合等。

不过古典园林还是可以把有限的花木，生发出无限的意境。它注重花木与建筑、山水的搭配，也注重与诗情、画意的结合，随着春、夏、秋、冬的季节更迭和阴、晴、雨、雪的天气变化，而有无穷的魅力。比如苏州拙政园中为赏四季之景而分别有亭春日"绣倚亭"，夏日"荷风四面亭"，秋日"待霜

苏州留园佳晴喜雨快雪之亭

亭"，冬日"雪香云蔚亭"。分别借雨打芭蕉之声和借雨打荷花之声，而设有"听雨轩"和"留听阁"。在承德避暑山庄中，"万壑松风"借松树之声，"香远益清"借荷花之香。最为精巧的或许在留园，有一单檐卷棚顶的方亭，名曰"佳晴喜雨快雪之亭"，分别取自范成大"佳晴有新课"之句、杜甫《春夜喜雨》之诗和王羲之《快雪时晴》之帖，意即无论晴、雨、雪皆宜，极言借景之美。正如宋徽宗赵佶《艮岳记》中所言："及夫时序之景物，朝昏之变态也……泳渌水之新波，被石际之宿草……披清风之广莫，荫繁木之余阴……燕翩翩而辞巢，蝉寂寞而无声……青松独秀于高巅，香梅含华于冷雾……此四时朝昏之景殊，而所乐之趣无穷也。"

至于古典园林中的花木种植方式，大约分两类：一类是同类植物成片种植，一类是不同植物组合种植。同时，又可与山水、建筑等配合，营造出别样的境界。大观园中"潇湘馆"的竹子和"稻香村"的杏花，属于同类植物成片种植，而"怡红院"的芭蕉、海棠和"秋爽斋"的梧桐、芭蕉，则属于不同植物组合种植。前者可以营造出"面状"的大景致，后者则可以凸显出"点状"的小景观。两种方式，各具特色，又互相补充，共同构成古典园林"曲径通幽处，禅房花木深"的意境。

　　总而言之，古典园林是由建筑、山水、花木构成的综合体。它不仅具有满足居住的实用功能，还具有满足修身养性的美学功能，可以"启人之高志，发人之浩气"，传达出古典建筑的营造技艺和社会变迁，以及古典文化的思想传统和哲学理念。其一山一水、一花一木以及一檐飞亭、一弯曲桥，莫不是既关乎景，又关乎事，更关乎人。而这些，正是《红楼梦》中大观园的启示，是《跟曹雪芹学园林建筑》的主旨。

拙政园听雨轩

后记

一、《红楼梦》虽然不是"其大无外，其小无内"，但也几乎涵盖了社会、政治、经济、文化、生活等的方方面面，因而作为中国古典小说的巅峰，被称为"封建社会的百科全书"和"传统文化的集大成者"。

二、自《红楼梦》面世，尤其是20世纪"红学"成为显学以来，关于《红楼梦》的研究著作汗牛充栋。本书以园林建筑为切入点，联系现实生活，旨在探讨传统的文化思想和古典的营造技艺，以点带面，抛砖引玉，为《红楼梦》的普及和探究略尽绵薄之力。

三、本书认定曹雪芹为《红楼梦》的唯一作者，且认同以脂砚斋、畸笏叟为代表的早期批语（即"脂批"）的重要价值。故所选版本以八十回手抄本（即"脂评本"）为底本，并不涉及续书中后四十回的内容，敬请谅解。

跟曹雪芹学园林建筑

四、正如曹雪芹所言："今之人，贫者日为衣食所累，富者又怀不足之心……所以，我这一段故事，也不愿世人称奇道妙，也不定要世人喜悦检读，只愿他们当那醉馀饱卧之时，或避世去愁之际，把此一玩。"本书也只愿能引起更多人对《红楼梦》的兴趣，从而更好地继承和弘扬古典文化。言之未尽者，诸友可自行研读。

五、由于笔者年纪较轻、见识不多，加之天分浅薄、才情有限，书中难免有错误、疏漏等不足之处，还请方家不吝赐教。

庸安意

图书在版编目（CIP）数据

跟曹雪芹学园林建筑 / 庸安意编著. -- 南京：江苏凤凰科学技术出版社，2018.5

ISBN 978-7-5537-9165-4

Ⅰ.①跟… Ⅱ.①庸… Ⅲ.①古典园林－建筑艺术－中国 Ⅳ.①TU-092.2

中国版本图书馆CIP数据核字(2018)第080225号

跟曹雪芹学园林建筑

编　　　著	庸安意	
项 目 策 划	凤凰空间 / 韩　璇	
责 任 编 辑	刘屹立　赵　研	
特 约 编 辑	韩　璇	

出 版 发 行	江苏凤凰科学技术出版社
出版社地址	南京市湖南路1号A楼，邮编：210009
出版社网址	http://www.pspress.cn
总 经 销	天津凤凰空间文化传媒有限公司
总经销网址	http://www.ifengspace.cn
印　　刷	山东临沂新华印刷物流集团有限责任公司

开　　本	889 mm×1 194 mm　1 / 32
印　　张	8.5
字　　数	136 000
版　　次	2018年5月第1版
印　　次	2023年3月第2次印刷

标 准 书 号	ISBN 978-7-5537-9165-4
定　　价	68.00元

图书如有印装质量问题，可随时向销售部调换（电话：022-87893668）。